全新知识大搜索

和谐大自然

李方正　主编

吉林出版集团股份有限公司

前言

在20世纪50～60年代，西方的一些工业发达的国家，频频发生公害事件，震惊了全世界。越来越多的人感到生活在一个缺乏安全的环境中。

1962年，美国女生物学家雷切尔·卡森出版了一本书，名叫《寂静的春天》。书中详细描述了滥用化学农药造成的生态破坏："神秘莫测疾病袭击了成群的小鸡，牛羊病倒和死亡……孩子在玩耍时突然倒下了，并在几小时内死去……仅能见到的几只鸟儿也奄奄一息……这是一个没有声息的春天。"这本书引起了全世界的强烈反响。人们惊奇地发现，在短暂的几十年时间内，工业的发展已把人类带进了一个被毒化了的环境中，而且环境污染造成的损害是全面的、长期的、严重的。人类开始认识到保护环境的重要性。20世纪60年代起，工业发达国家兴起了要求政府采取措施解决环境问题的"环境保护运动"。

1970年4月22日，在一些国会议员、社会名流和环境保护工作者的组织带领下，美国1万所中小学、2000所高等学校以及全国各大团体共2000多万人，举行了声势浩大的集会、游行等宣传活动，要求政府采取措施保护环境。这项活动的影响迅速扩大到全球，4月22日于是成了世界环境保护史上的重要一天——"地球日"。

在地球日活动的影响下，1972年6月5日，在瑞典斯德哥尔摩召开了联合国人类与环境会议，会议提出了一个响彻世界的口号："只有一个地球"，还发表了著名的《人类环境宣言》。《人类环境宣言》提出7个共同观点和26项共同原则，引导和鼓励全世界人民保护和改善人类环境。

会议提出建议，将这次大会的开幕日定为"世界环境日"。"世界环境日"，象征着人类环境向更美好的阶段发展。它正确反映了世界各国人民对环境问题的认识和态度。

1973年1月，联合国大会根据人类环境会议的决议，成立了联合国环境规划署，设立环境规划理事会和环境基金。

环境科学不但研究环境质量的基础理论，而且还重点研究环境质量控制与治理、环境监测与环境分析等。就全世界而言，自然灾害分布之广泛，程度之严重，类型之众多，频度之高，强度之大，都是触目惊心的。中国是世界上自然灾害最严重的少数国家之一，不但灾害类型多、频度高、强度大，而且造成的社会经济损失也特别严重。据不完全统计，气象、洪水、海洋、地质、地震、农业、林业7大类自然灾害造成的直接经济损失占国家财政收入的1/6~1/4，因灾死亡人数年1万~2万。

为了减轻自然灾害造成的损失，人类在进行着不懈的努力，全世界形成了减灾系统。大型的减灾活动往往是跨国、跨地区进行的，共同制订减灾方案和具体措施。从灾害发生机理、减灾方法研究、减灾规划与设计，到具体的减灾行为、工程，以及一些辅助性支持条件的建立，都是不可缺失的。它们涉及到政策、法规、技术、组织、宣传教育、人员、决策、指挥、管理、计划、经济、物质、通讯、信息等许多方面。

本书以环境保护为主要内容，介绍了各类环境的保护问题，以及各国的环保情况。

目录
MuLu

第一章　自然灾害的预测预报

人类生存的地球，是宇宙中一颗极其璀璨的星球。奇妙异常、气象万千的自然界，为我们展现了青翠高耸的山峦、辽阔浩瀚的大海、气势磅礴的江河和一望无际的草原；白云间的飞鸟，旷野中的走兽，波涛里的鱼类及春天的鲜花，冬日的瑞雪，多么奥妙无穷，又多么动人心魄啊！

可是，地球上自从诞生了人类以来，无论在生活和生产过程中，都在不断地破坏地球，她的肌肤已是遍体皆伤，她的血液里渗进了毒汁，现已证实，地球的劫难多多，人们呼喊：救救蓝天，救救江河大海！救救地球吧！在千千万万人的呼唤中，诞生了每年 4 月 22 日的"世界地球日"，每年 6 月 5 日的"世界环境日"。

"地球日"活动起源于 20 世纪 60 年代的美国，当时的美国人对工厂、企业等大大小小的法人、污染者提出了控诉，指责、抨击政府的一系列导致环境污染的政策。1969 年，民主党参议员盖洛·尼尔森提议，在全国各校园内举办有关环境问题的讲习会。时年 25 岁的哈佛大学法学院学生丹尼斯·海斯很快就将尼尔森的提议变成一个在全美各地展开大规模社区性活动的构想，并得到了尼尔森和很多青年学生的热烈支持。为错开期末考试，尼尔森提议以次年的 4 月 22 日作为世界"地球日"。在全美发动环保活动，开展环境保护宣传活动。

1970 年 4 月 22 日的第一届"地球日"由海斯主持，声势浩大，被誉为二战以来美国规模最大的社会活动。美国国会当天被迫休会，纽约市长下令繁华的曼哈顿第五大道不得行驶车辆，任由数十万群众在那里集会。1990 年，全世界 130 多个国家和地区的环保组织联合开展了"1990 年地球日"活动，这是倡议发起后的第二次大规模的"地球日"活动。"地球日"活动有力地推动了世界环境保护事业的发展。

每年的 6 月 5 日，是具有广泛国际意义的"世界环境日"。在世界范围的环境污染和生态破坏问题日趋恶化，严重危及到人类的生存和经济发展的情况下，1972 年6 月 5 日至 16 日，联合国在瑞典首都斯德哥尔摩举行了有 113 个国家参加的第一次"联合国人类环境会议"，共同讨论了当代环境问题，探讨了保护全球环境的战略。会上通过了《斯德哥尔摩人类环境宣言》，即《联合国人类环境宣言》和具有 109 条建议的保护全球环境的"行动计划"。

加强自然环境的研究

　　自然环境中各个组成部分的空间分布、大小、相互关系等，称为自然环境的结构。从全球的自然环境来看，它的组成可有三大部分，即大气、陆地、海洋。

　　在地球的周围，包围着大约1000千米厚的空气层，这就是气象学上所谓的大气。根据不同的物理性质，大气层可划分为（从地面到高空）对流层、平流层、中间层、热层和散逸层。大气层总质量约为 5×10^{15} 吨，约占地球总质量的百万分之一。丰富多彩的天气现象，主要发生在对流层里。对流层位于大气层底部，与人类的关系最密切，它的厚度从地面到10～12千米的高空，差不多占整个大气厚度的1%。对流层里的空气分子较密集，占整个大气层重量的80%。还集聚着大量的水汽和微尘。这一层里风云变幻，气象万千，"演奏"着有声有色的天气"剧目"，使这一层成了天气活动的舞台。

陆地是地球表面未被海水浸没的地方，总面积约为 14 900 万平方千米，占地球表面积的约 29.2%。其中面积广大的称为大陆。板块构造学说认为，全球有 6 大块，按面积大小依次为欧亚大陆、非洲大陆、北美大陆、南美大陆、南极大陆和澳大利亚大陆。总面积约为 13 910 万平方千米。散布在海洋、河流或湖泊中的陆地称为岛屿，按成因分为大陆岛、海洋岛（火山岛、珊瑚岛和冲积岛）。全球岛屿面积约为 970 多万平方千米。

陆地环境的次级结构为：山地、丘陵、高原、平原、盆地；河流、湖泊、沼泽和冰川；还有森林、草原和荒漠。

海洋是地球上广大连续水体的总体。其中，广阔的水域称为洋，大洋边缘部分称为海。海洋面积约有 36 100 万平方千米，占地球表面积的 70.8% 左右。海与洋沟通组成了统一的世界大洋。全球有四大洋，即太平洋、大西洋、印度洋和北冰洋。海洋的次一级结构为海岸（包括潮间带、海滨、海滩）、海峡、海湾，在海洋底部有大陆架、大陆坡、海台、海盆、海沟、海槽、礁石（岩礁和珊瑚礁）等。

生命起源于海洋，由于海洋的存在，生命才得以生存、进化和发展。海洋是地球上巨大的"空调机"，它控制着地球上的空气，调节着地球大气的温度和湿度。由于海洋中的巨量海水参与着地球上的水循环，才使得人类生存的陆地上，有源源不断的淡水资源。海洋中的藻类每年产生 360 亿吨氧气，为大气含氧量的约 3/4，同时，吸收着大气中 2/3 的二氧化碳，从而保持着大气中气体成分的平衡，维持着地球上的生命。没有海洋的这份功劳，人类在地球上则无法生存。因此，海洋和人类的关系十分密切。

自然灾害预报方法（一）

　　自然界每时每刻都在发生着变异，当某种变异达到一定程度，并造成人员伤亡和财产损失时，便成为自然灾害。因此，研究自然变异的各种信息和规律，是预报自然灾害的主要依据和方法。近些年来，各国的自然灾害预报科学发展很快，归纳起来主要有以下几种：

　　根据自然变异的发展趋势进行预报。20世纪80年代以来，地震活动趋于频繁，中国、俄罗斯、伊朗、菲律宾、日本相继发生地震，显示出大陆进入一个地震活跃时期。地震的发生是地应力集中与释放的过程，在这一过程中必然会引起地球物理场、地球化学场、地热场、地下水系统、生物场等一系列变化，根据这些前兆的变异来研究地震的发生，便是地震预报的一种方法。

　　根据自然灾害的时序规律进行预报。各种自然灾害的发生，都有一定的韵律性，从而显示出周期性和准周期性的时序规律，据此外推，是经常使用的预报方法。如据研究近500年来中国北方1479～1691年，及1891年以后为干旱期，前一干旱期持续212年，据此外推，从1891年直到21世纪仍是以干旱为主的时期。在这百年尺度的气候期中，又存在35年、22年、 11年、5～6年、2年左右的不同尺度的周期，意味着在干旱期中还存在尺度不等的多雨期。

　　根据自然灾害与太阳活动的关系进行灾害预报。已有大量的资料说明，太阳黑子的活动与地震活动有关，在太阳黑子活动的极小年和极大年是地震多发年。许多研究成果已经揭示，旱灾、洪水、海水、地质灾害、厄尔尼诺事件、生物灾害等，都具有11年或22年的准周期，与太阳活动的周期有关。

　　国际天文学界把从1755年开始的太阳活动周期峰年作为第1个周期，以后依次序编号，至今已过去了23个周期。目前太阳活动已进入第24个活动周期。第22周期太阳活动峰年是从1987年开始的。那次太阳活动达到最剧烈程度的时间是1990年的年初，后来又于1991年达到第二个顶峰，成为历史上少见的"双顶峰年"。

　　根据天文时经纬线差和地球自转速度的变化进行灾害预测。许多资料揭示，从南北半球的测纬线差曲线来看，地震都发生在纬度值减小的时候；从东西半球的测经线差曲线来看，东半球的经度向西移，西半球的经度向东移时，地震较易发生。

　　地震自转速度的变化控制了地震的发生，也对大气运动与旱涝灾害、海洋活动与海洋灾害、地质灾害的发生起着重要的控制作用。因此，研究地球自转速度的变化，可能为自然灾害综合预报提供重要的依据。目前得知，地球自转速度总趋势是在减速，其中更有3～5年、60年的快慢变化。

自然灾害预报方法（二）

　　根据月相变化进行预报。研究认为，月球盈亏的不同相位变化影响了北半球副热带高压的位置和强度，从而对气象灾害起了一定的控制作用。一般在夏季，上弦与下弦时副热高压加强，而在满月和新月时副热高压减弱，冬季则相反。

　　日、月引潮力又可对地球造成多方面的影响，是引起气候变化和触发地震的原因之一。每当月球、太阳在一条直线上时（每月的初一、十五日），两者对地球的最大引潮力的合力约为80厘米。此时，地球上所有的物体都有较明显的潮汐现象。除液体潮外，还有固体潮、气体潮和生物潮。

　　根据行星会合和多种天文周期的复合叠加进行预测。已有许多专家研究了多个星球会聚与灾变周期的关系，考虑到太阳黑子、地球自转、天体相 对位置、行星会聚等多种周期，用耦指状态方程等综合方法，对自然灾害进行了预测，并在预报地震、旱灾和洪涝灾害中得到初步验证，是行之有效的一种方法。

根据致灾因子的变异进行灾害预测。自然灾害的发生是由多种因子造成的，这些因子涉及到地球岩石、水体、大气、生物等圈层的变化，因此，根据这些变化，可以对灾害进行预测。如根据干旱预测地震；根据海底火山喷发和热液活动预测厄尔尼诺事件（有一些学者认为，太平洋局部海水温度的增高，是由于海底火山喷发，以及海底热液活动造成的，所以根据海底勘测资料，可以预报厄尔尼诺事件的发生），根据厄尔尼诺事件预测农业灾害和海冰；根据气象灾害预测地质灾害等。

根据灾害链进行灾害预测。许多自然灾害，特别是强度较大的自然灾害，时常引起一连串的次生灾害，称为灾害链，根据灾害链的序列可预测其他灾害。如根据台风预测风暴潮；根据洪水预测山地地质灾害（如山崩、滑坡、泥石流）；根据旱灾预测虫灾与地面沉降等；根据地震预测海啸、水库漏水、滑坡、泥石流、地面坍塌、地面沉降、地裂缝、边岸塌陷，海水入侵等。

灾情监测跟踪预报。即对灾害的发展进行监测并据此提出预报。如根据海啸发源地的位置和传播速度对其他地区的浪灾提出预报；根据降水量与河流水位、洪峰，对下游洪灾提出预报等。

其他预报方法。有人研究日食月食、新星等与灾变的关系，预报灾害；由于温室效应、热岛效应、阳伞效应的影响加大，许多人已结合人为致灾作用和环境的演变预测灾害。总之，广开思路，多方位探索，学科交叉，综合预报，是当今预报科学的特色与趋势。

小天体将至怎么办

　　在太阳系里，有数十万块小行星体，还有数百颗彗星，平常各自在自己的轨道上迅跑。然而，有些小行星和彗星的轨道，与8大行星轨道往往有交叉现象。专家们预测，21世纪将有小行星和彗星运行到轨道交叉处，与地球近遇，可能给地球带来一些变异。目前，全世界的天文学家们，正睁大眼睛注视着深邃的天空。

　　据预测，在21世纪小行星与地球近距离（小于300万千米）相遇将会有7次之多。其中编号2340号小行星——哈瑟，将于2086年在距离0.005 6A·μ（80万千米）相遇；其他6次都大于这个距离。这些小行星是：4179号陶塔蒂斯、1989FC、1989 μρ、3200号——厄同·哈瑟、1989 FC和1989 μρ。后3颗小行星在20世纪都同地球有过近距离相遇的记录。(4179)陶塔蒂斯在1992年12月8日曾与地球以360万千米之遥相遇，在21世纪有2次小于0.02A·μ（300

万千米）的距离与地球近遇，2004年离地球只有160万千米。(3200)法厄同是阿波罗型（三种类型之一）小行星中现在已知道近日距离最小的一颗，离太阳最近距离只有0.14A·μ(2100万千米)，它在2093年才与地球以0.02A·μ(300万千米)的距离近遇。当然还可能发现一些新的阿莫尔型小行星、阿波罗型小行星、阿登型小行星（简称AAA小行星）会在本世纪中与地球以相当近的距离相遇。

像1991年BA小行星距离地球那么近，这个事实提醒人们对预防小行星撞击地球，也不能掉以轻心。现在美国和澳大利亚等国，正在筹建一个由6架18米口径的望远镜组成的"太空监视"网，分布在世界各地，有系统地搜索和跟踪对地球有威胁的近地小行星的运行情况，以便及早发现它们对地球的威胁，从而采取有效措施。国际天文学联合会也成立了一个"近地天然天体工作组"协调全球性的近地小行星、近地彗星的搜索监视和研究。近地小行星的研究不仅为天文学所重视，也为其他科学和社会所关注。

目前，已知有100颗小行星的运行轨道与地球运行的轨道发生交叉，另外还有1000颗小行星也有嫌疑。通过计算得知，地球与直径1千米的小行星碰撞的几率大约每25万年有一起；直径小于1千米的小行星撞击地球的几率要大得多。小行星或彗星如果有可能撞击地球，人类将怎么办呢？现在已经研究了处理办法。其中一个方案称为依卡鲁斯方案，即向这颗小行星或彗星发射一枚宇宙火箭，把一只炸药包（也可能是一颗原子弹）安放上去，使它爆炸，从而改变它的运行轨道。

估计只要大约4台91厘米口径的施密特望远镜，分布到全球，就可以在10年内把1000颗左右的危险小行星中的90%找出来，10年内的花费总共要2000万美元。

人类能预报火山爆发

　　火山灾害被列为世界第6位自然灾害，火山爆发往往给人类带来巨大灾难。世界历史上几次大的火山爆发给人类带来的灾难是触目惊心的。公元79年，维苏威火山爆发，毁掉了意大利的庞贝城和赫莱尼厄姆市，有2000多人丧生；1631年，维苏威火山再次爆发，随后又发生地震和海啸，有4000多人丧生；1669年，意大利卡塔尼亚附近的埃特纳火山爆发，估计死亡数字高达2万人；1783年6月8日，冰岛斯卡普塔火山爆发，使冰岛1/5人口死亡；1815年4月5日，印度尼西亚松巴哇岛塔博罗火山爆发，引起旋风和海啸，死亡人数达12万人；1883年，印度尼西亚巽他海峡克拉卡托火山爆发，使这个岛的2/3遭到毁灭，造成36万多人死亡；1902年5月8日，西印度群岛马提尼克岛皮莱火山爆发，使圣皮尔市彻底毁灭，造成3万多人死亡；1963年3月18日，印尼巴厘岛上的阿贡火山爆发，迫使 78 万人逃离家园，1584 人死亡等等。

世界上大多数著名火山的爆发，大有越演越烈之趋势，科学家们对此极为重视。自 1980 年以来，美国圣海伦斯火山已爆发了 22 次，美国科学家对其中的 19 次爆发进行了预报，1989 年美国阿拉斯加州雷道特火山爆发前，也先有预报。

美国圣海伦斯火山于 1980 年 5 月 18 日、25 日、6 月 12 日多次爆发。5 月 18 日的大爆发之前，早已多次出现了火山爆发预兆。3 月 20 日出现多次地震，3 月 27 日火山口发生了先兆性爆发，4 月 2 日又再次发生地震，喷出火山灰。当时科学家断定，随时可能发生大爆发。由于研究了火山爆发前兆，科学家们及时作出了预报，所以只有 24 人死亡，46 人失踪。

火山学家们使用地震仪来记录各种小型地震的次数（这种地震将促使岩浆不断向上涌），并通过安装在飞机上的化学传感装置，监测火山上空二氧化硫含量的变化量，这可直接反映出从地下涌到火山口的岩浆量大小。另外在美国圣海伦斯火山爆发前，记录到该火山山坡倾斜量增加这一物理量变化的情况，这引起了科学家们的高度重现。日本科学家已经使用一种可以测量出一枚小硬币宽度大小的激光仪，来监测火山山坡的倾斜变化量。通常像山坡坡度这种微小的变化量，人们用肉眼是无法辨别的。他们也通过把摄像机安装在本国 19 个最令人担忧的火山易发区的方法，监视那些火山烟雾的形状及其颜色变化的情况。"当一处茂盛的草木突然间被一座小山丘覆盖时，应立刻意识到情况的严重性"，美国火山学家汤姆·西姆金说："这是一个可怕的现象，它预示着将给人类带来一场真正的灾难。"值得幸运的是，科学家们在日本和菲律宾火山爆发前都观察到了这些小山丘的突然出现，使人们有时间迅速逃离火山现场。

地震的类型

　　科学家们按地震发生的原因，将地震分为三类：由地面塌陷和山崩引起的陷落地震；由火山活动引起的火山地震；由地壳运动引起的构造地震。由于人工爆破和水库蓄水、深井注水等引起的人为地震，不属自然地震之列。

　　陷落地震多发生在石灰岩区域。由于石灰岩易被地下水溶蚀，形成地下洞穴，随着洞穴扩大，洞顶逐渐失去支持能力，以致发生陷落，引起地表震动。这类地震为数很少，约占地震总数的3％。其影响范围很小。此外在高山区，悬崖崩落也可造成地震，但规模很小。

　　火山活动引起的地震，其特点是局限于火山活动带，影响范围一般不大。这类地震也为数不多，约占总数的7％。现代火山活动带多属此类地震。如1959年11月中旬夏威夷基劳埃火山爆发，在其前夕几个月内曾发生了一连串的地震，都是岩浆运移过程引起的。

由于地壳运动引起的构造地震，是地球上规模最大、数目最多的一类地震。其特点是活动频繁，延续时间长，影响范围广，破坏性最强，造成的灾害也最大。世界上大多数地震和最大的地震均属此类，约占地震总数的90％。这类地震与地壳的构造有密切关系，常分布在活动断裂带及其附近。

地质学家把地壳内部或地幔中发出震动的地方叫震源。震源在地面上的垂直投影叫震中。震中可看做地面上震动的中心。震中到震源的距离叫震源深度。震源深度一般为几千米到300千米不等，最大深度可达700千米。按震源的深度也可将地震分为浅源地震（深度0～70千米）、中源地震（70～300千米）和深源地震（深度大于300千米）。据统计，大多数地震是发生在离地表数十千米以内的地壳中或地幔上层。一般破坏性地震的震源深度不超出100千米范围。地面上地震波及到的区域叫做震域。震域边界是难以确定的，只能说成是人们所感觉到的震动区域。震域的大小和震源的深浅有关，也和震级的大小有关，一般震源越深，震域越大。震源及震中的关系也很密切。

地震所产生的颤动是以弹性波的形式，把能量传播出来的，这就是地震波。地震波可以分为纵波、横波和表面波三种。

地震时，纵波和横波同时产生，但纵波比横波传播得快，在地壳表层纵波以每秒5～6千米的速度传播，横波以每秒3～4千米的速度传播。表面波产生在两种介质（固体和气体或液体和气体）的交界面上，地震时来自地震源的波动（纵波、横波）以不同的速度与地面相碰，使地壳表面激起沿地表传播的弹性波，即为表面波。其特点是波长比较长，波速稳定，但比较慢，只在表面传播，不能传入地下。由于其振幅大，故破坏性最厉害。

地震的震级和烈度

014

　　地震震级，是表示地震能量大小的量度。震源放出的能量越多，震级就越大。震级是用地震仪记录地震波测定的。

　　目前国际上使用的地震震级——里克特级数，是由美国地震学家里克特所制定，它直接同震源中心释放的能量（热能和动能）大小有关。里克特级数每增加一级，即表示所释放的热能量大了10倍。假定第1级地震所释放的能量为1，第2级应为10，第3级应为100，依此类推，第7级为100万，第8级则为1000万。由此不难想见，当"里克特"级数第7、第8级地震发生时，它所释放出来的热能量极为惊人，有如氢弹的猛烈爆炸。

　　里氏地震震级分1、2、3、4、5、6、7、8～8.9级。1级震动最轻微，8.9级最强烈，破坏性最大。

地震烈度，是指地面及房屋建筑物遭受地震破坏的程度。地震烈度的大小与震级大小、震源深浅以及该地区的地质构造有关。

判断烈度大小是根据人的感觉、家具及物品震动情况、房屋建筑物受破坏的情况,以及地面出现的破坏现象等因素综合考虑确定的。目前中国使用的是12度烈度表。

1度,无感，仪器才能记录。2度,完全静止中的人有感。3度,细心的观察者注意到悬挂物有些摇动。4度,室内大多数人、室外少数人有感，一些人从梦中惊醒，门、窗、纸顶棚作响，悬挂物动摇， 器皿中水轻微震荡。5度,大多数人从梦中惊醒，家畜不宁，悬挂物明显摇摆。6度,很多人从室内逃出，立脚不稳，家畜多从厩中向外奔跑，盆中水剧烈动荡，有时溅出，轻家具可能移动，非砖木墙结构的建筑物损坏。7度,人从室内惊惶逃出，悬挂物强烈摇摆，甚至坠落，一般砖木结构的民房大多数损坏。8度,人难站立，家具移动，砖木房屋多数破坏，少数倒塌，土石松散的山坡常有山崩、地滑，人畜有伤亡。9度,坚实砖木结构民房多数倾倒，地裂缝很多，山崩、地滑。10度,坚固的砖木房屋许多倾倒，地表裂缝成带断续相连，总长度可达几千米，铁轨弯曲，河、湖产生击岸浪，山崩、地滑、河谷被堵成湖。11度,房屋普遍毁坏，山区有大规模的崩滑，地表产生相当大的竖直和水平方向错动，地下水剧烈变化。12度,广大地区的地形、地表水系及地下水位剧烈变化，建筑物遭到毁灭性破坏。

四川汶川特大地震及其救护

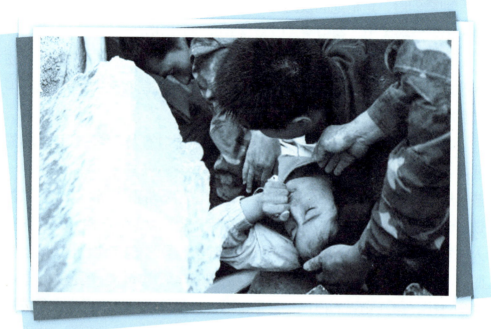

　　2008年5月12日14时28分，一场突如其来，特别严重的8级地震袭击了四川省汶川县，地震发生的同时，陕西、甘肃、河北、上海、北京、河南、海南等10多个省市均有震感。此外，汶川大地震还波及到了处于亚洲东部的泰国和越南等地。此次汶川大地震几乎影响了半个亚洲。

　　地震是一种自然现象，是地下岩石发生破裂释放弹性波传到地表所引起的震动。历史上四川汶川一带曾多次发生过地震，但是2008年5月12日这次地震最为严重。地震发生后，受灾最严重的汶川县、青川县、北川县、都江堰市、绵阳地区，以及相邻的甘肃和陕西的部分县区，一时间道路中断，损毁，通讯中断，转瞬间曾经的美丽家园变成了废墟。这场地震强度之大，波及之广，为几十年来所罕见，死8万多人，伤数十万人，次生灾害，如滑坡、山崩、泥石流、地裂、堰塞湖频频发生，人民群众生命、财产、安全受到严重威胁，损失十分惨重。

震灾发生后，党中央、国务院迅速做出反应，胡锦涛总书记获悉消息，立即指示尽快抢救伤员，保证灾区人民生命安全；温家宝总理当即乘飞机赶赴灾区指导救灾工作。国家部委、解放军和武警部队以及民航、通讯、医疗环保等各行各业紧急行动，第一时间奔赴灾区。地震发生后，全国人民以及国际社会向灾区进行了援助。

震灾后的救援工作是多方面的，例如这次汶川大地震后，由于山崩、滑坡、泥石流的发生，形成了30多个堰塞湖，如果这些堰塞湖积水多了，湖水面越涨越高，会造成天然堤坝溃堤，洪水泛滥，形成洪灾。于是有关部门及时派来直升飞机，运去大型的挖掘机，在堰塞堤坝修一条溢洪渠，开闸放水，免去了溃堤的危险。

又如，汶川地震发生后，四川什邡在地震中化工厂发生了爆炸，有80余吨液氨泄漏，对环境，对水源都会造成污染，于是地震后的当天下午，国家环保部就启动了《核与辐射及水污染防治应急预案》，对抗震抢险救灾工作提供有利的技术支持。

汶川地震发生后，所做的应危和救援侧重于这么几个方面：

第一是对是否发生次生环境污染事件，对应危预案适时地进行监控，适时地披露现状的污染情况；

第二是对已有的还没有发生的进行一个排查；

第三通过适时地批露信息，及时地制止一些不实的，关于水资源谣言的散布，维护社会的安定稳定，为抗震抢险提供科学决策。

地震监测和预报

　　地震的破坏居各种自然灾害之首，一次8.5级的大地震，相当于1.2万颗当年美国投放在广岛的原子弹的爆炸威力。中国地处世界两大地震带——环太平洋地震带和欧亚地震带包围之中，地震多发而且灾害严重。

　　地震监测预报是防震减灾工作的基础性工作。地震监测主要指对地震及其前兆进行观测，及时准确地提供连续、可靠、完整的观测资料，提出分析判断意见，从而对破坏性地震发生的时间、地点、震级及影响进行预测。

　　地震和刮风下雨一样，都是可以预测的。因为在发生地震以前，大地会发生宏观和微观的变化，人们对这些变化进行监测，就可以进行地震预报了。微观现象是人直接感觉不出来的，但用仪器可以测量和记录下来。例如，地壳形变，地应力异常，地倾斜，海平面变化，地下水化学成分变化，地温、地磁、地电、地震波传播速度的变化等，都可以用仪器测量和记录下来。宏观现象是人可以直接感觉到的异常现象。例如人们凭眼睛、耳朵、鼻子感觉到的变异，动植物习性的变化，天气反常，地下水位变化，地声，地光等。地震工作者必须定时观察受监区内的种种变化，并记录下来，综合分析，整理出变化规律，进行预测。

利用科学仪器预报地震灾害。中国东汉时期张衡曾用"候风地动仪"，成功地记录了公元138年在陇西发生的一次强地震。今天，全世界共建立了约1000个地震台，采用了多兵种联合作战，并做出了成绩。比如，1975年2月发生在中国辽宁海城的7.3级地震，由于监测工作搞得好，及时进行了预报，大大减少了人员死亡和财产损失。当年这场大地震只造成1328人死亡；1985年智利的瓦尔帕莱索城发了与唐山同等大小的地震，仅死亡150人，就是因为监测、预报、防震措施得当的结果。

地震预报要像天气预报那样，告诉人们：什么地点要发生地震，什么时间发生地震，地震的强度（震级）有多大。这里所说的发震时的地点、时间、震级，就是地震预报的三要素。

地震预报有中长期预报、短期预报和临震预报等几种。中长期预报，包括预报某一地区几个月至几年内，可能发生地震的中期预报，以及几年至几十年内，甚至上百年内可能发生地震的长期预报。短期预报，则是预报某一地区几天至几十天，甚至几个月内可能发生地震的时间、地点和震级。临震预报则是预报某一地区几天内可能发生地震。

在地震预报中，短期预报是临震预报的基础，而中长期预报又是短期预报的基础。当今科学技术的飞跃发展，为准确预报地震开创了良好的条件。

滑坡发生的原因（内因）

　　滑坡是怎样产生的呢？为什么有些地区经常产生滑坡，而有些地区则很少发生滑坡呢？通过多年的调查和研究，发现斜坡滑动有着它的内在因素，也有着它的外在因素。

　　滑坡发生的内在因素是指地质基础——地层的岩性、斜坡的结构、构造情况，以及其在外界因素作用下发生的变化。

　　组成斜坡的地层岩性，是发生滑坡的物质基础。有的斜坡由坚硬的岩石组成，有的斜坡由软弱的岩石组成，有的斜坡则由土体组成。由于地层的岩性不同，它们的抗剪强度各不相同，发生滑坡的难易程度也就不同。通常，人们根据土石在剪切力作用下的破坏变形特征，把它们分为脆性和塑性两种类型。石灰岩、石英岩等致密坚硬的块状岩石，都是脆性的，抗剪强度很大，能经受很大的剪力而不变形，完全由这些岩石组成的斜坡高陡而稳定，很少发生滑坡。相反，页岩、泥岩和其他各种地表覆盖层，如黏土、碎石土等，多是塑性的，这些土石体的抗剪强度比较低，很容易变形和发生滑坡。

通过调查得知，所有滑坡都发生在以下岩性组成的斜坡上：黏性土、黄土、类黄土和各种成因的松散、松软沉积物（崩积、坡积、洪积和人工堆积等）；砂岩、页岩和泥岩的互层地层；煤系地层；其他软岩层和软硬相间的地层，人们称这些地层为易滑地层。

滑坡的第二个内在因素是地质构造环境。地质构造对滑坡有多方面的影响：一是断裂破碎带为滑坡提供了物质来源；二是各种地质构造结构面，如层面、断层面、节理面、片理面和地层的不整合面等，控制了滑动面的空间位置；三是控制了山体斜坡地下水的分布和运动规律，如含水层的数目、地下水的补给和排泄等，都由地质构造条件所决定；四是斜坡的内部结构，包括不同土石层的相互组合情况，岩石断层、裂隙的特征及其与斜坡方位的相互关系等，与滑坡发生的难易程度有密切关系。

岩层层面的倾向，对滑坡的发育有重要影响。当岩层的倾向和斜坡的坡面倾斜一致时，最容易形成滑坡；岩层的倾向与斜坡的坡面倾向相反时，则决定于其他裂隙面的发育程度，一般不容易产生滑坡。当斜坡是由各种不同性质的土石层共同组成时，斜坡各部分抗剪强度会因土石性质不同而异，如果抗剪强度低的软弱岩石位于坡脚部位，软岩就可能因受压而被"挤皱"，甚至挤出，产生滑动。岩石的层面、断层面和裂隙等，都是斜坡内部的软弱面，当软弱面的倾向和斜坡坡面倾向相同，而且斜坡的坡角大于软弱面的倾角时，就有可能产生滑坡。

滑坡发生的原因（外因）

　　降雨、融雪和地下水位变化，是产生滑坡的最主要外因。它的作用，一是渗透水进入土体孔隙或岩石裂缝，使土石的抗剪强度降低；二是渗透水补给地下水，使地下水位升高或地下水压增加，对岩土体产生浮托作用，土体软化、饱和，结果也造成抗剪强度的降低。所以，降雨和融雪一般对滑坡可起到诱发或促进作用。据中国贵州地区的统计，发生在雨季的滑坡占94%，中国东南沿海地区4～6月份降雨量占全年降雨量的60%以上，7～9月受台风影响为另一类降雨高峰。四川越西县阿底滑坡，表现为"大雨大滑，小雨小滑，无雨不滑"的特点。整个四川、陕南的滑坡也有这个特点。

　　除降雨、融雪和地下水位的变化能够触发滑坡外，地面上的溪沟、江河、湖泊和海洋中的水流，对滑坡也有重要影响。它们不断地冲刷和切割岸坡，使岸坡增高变陡，使内部的软弱面暴露出来。洪水时期，河水水位上涨，河水反而补给地下水，当洪水下降后，地下水位变化慢，出现水力坡度，斜坡内就会形成很大的动水压力。所有这些作用都使斜坡的稳定性降低，从而导致滑坡发生。水库的水位骤降以后，同样能够产生地下水向坡面渗透的动水压力，使岸坡的稳定性降低，有利于滑坡的发生。

人为的因素对滑坡的影响越来越突出。随着人类工程、经济活动的不断增加，有时因兴建土木工程或其他工程施工而引起滑坡，受到大自然的无情"报复"。例如修建铁路、公路、桥梁和开矿时，因开挖斜坡、填土、弃土和堆积矿渣等，使斜坡内应力发生变化，或者由于开挖活动使应力集中于坡脚，或者由于堆填土不适当增加荷重而增大滑动力，都可使斜坡变得不稳定，从而引起滑坡。开挖隧道以及修筑水坝在上游蓄水，也能够导致滑坡的发生。此外，农田灌水大量渗透入坡体，水渠和水池的漫溢和漏水，工业生产用水和废水排放处理不善，也常常诱发滑坡。

地震是诱发滑坡的重要因素之一。地震诱发滑坡，首先是使斜坡土石结构破坏，在地震力的反复震动冲击之下，沿原有软弱面或新产生的软弱面产生滑动。由于地震产生的裂缝和断崖，助长了以后降雨或融雪的渗透，因此地震以后常因降雨、融雪而发生滑坡或山崩，这种情况比地震发生时所触发的滑坡或山崩还要多。一般说来，在雨季或暴雨、融雪时发生的地震，同发型（与地震同时发生）滑坡较多；旱季时斜坡干燥，稳定性较高，同发型滑坡较少，后发型（在地震以后很长时间才发生）滑坡较多。1976年5月20日，中国云南龙陵地震时，同发型滑坡很少，震后雨季时发生的后发型滑坡，占与地震有关的滑坡总数的95%以上。

滑坡的防治

　　整治滑坡的方法，归结起来可以分为三类：一是消除或减轻地表水和地下水对滑坡的诱导作用；二是改变滑坡外形，增加滑坡的抗滑力；三是改变滑坡带土石性质，阻滞滑坡体的滑动。

　　为了实施各种防治方法，必须重视对滑坡的调查研究，弄清楚滑坡的规模、类型，引起滑坡的原因。例如，如果发现该滑坡是一个大型滑坡，一般都应采取工程绕避的原则。铁路、公路、桥梁、厂房等，都应绕道，避开大型滑坡，否则，由于大型滑坡不易治理，其投资大，费时长，而且常影响工程施工的安全和工期。但是，对于无法绕避的滑坡，就必须进行技术经济比较，有针对性地选择治理方法，对症下药，综合治理。

　　1982年7月17日，长江三峡中的瞿塘峡上游70千米，在云阳县城附近的长江北岸发生了宝塔滑坡。滑坡范围为0.77平方千米，土石方量达

1500万立方米。顷刻间损坏耕地52万平方米，房屋1730多间，滑坡前缘有百多万立方米的土石滑入长江，造成了长江鸡扒子航道的巨大险滩。为了清除长江航道中的滑坡堆积物，必须对滑坡的性质和特征搞清楚。如果是牵引式滑坡，将不能用简单的方法清除江中的滑体，如果是推移式滑坡，就可以采用爆破方法对险滩进行处理。经邀请全国的专家对滑坡进行了调查研究，认为该滑坡属推移式滑坡，而非牵引式，加上滑坡体经过滑动后，重心已由上部20～30度倾角的滑面位置滑至倾角10度左右的位置处，滑面倾角比较平缓，在水下爆破时不会导致滑坡的继续滑动。实践证实，这一判断是正确的。

对于滑坡，有关部门积累了不少经验，其中有些经验是用人民的生命和财产换来的。针对不同的滑坡类型，有着不同的治理方法，例如地表排水、地下排水、打防震孔或采取微差爆破，在此基础上进行抗滑桩或锚固处理。经过这样的综合治理，效果会比较理想。

地球各地发生的滑坡，90%以上都与地表水和地下水有关。水对滑坡的影响主要作用表现在水对滑坡坡脚的冲刷、滑坡体内渗透水压力的增大，以及水对滑面（滑带）土的软化和溶蚀分解等。为了排除水对滑坡的作用，或使其作用减低到最小程度，必须采用截排水工程。常用的截排水工程有在滑坡体外围挖截排水沟，把易于吸水、渗透力强的松散滑坡体夯实，挖排水盲沟，打排水钻孔，打排水洞，灌浆阻水等。

在滑坡治理工程中，有一种简单易行的工程，这就是减重的方法。在主滑体部分剥去一些土石体，能减少滑体的下滑力，从而增加滑坡体的稳定性。千万不能在滑坡体的前缘去减重，否则反而会加剧滑坡的变形发展。此外，还有坡面防护工程、土质改良工程、支挡工程等，可把滑坡造成损失降得最低，以治理滑坡。

泥石流的形成条件

泥石流的形成受多种自然因素的影响，归纳起来有：丰富的松散固体物质来源，有利的地形地貌条件，充足的水源和适当的激发因素，这些形成泥石流的三大基本条件。人类活动对某些泥石流的发生和发展，也有着不可忽视的影响。

松散的固体物质来源。泥石流是含有大量固体物质的洪流。因此，储存松散固体物质的场地，就成为泥石流的发源地。松散的固体物质首先来源于地质构造活动，如地壳发生断裂，使岩石破碎，即为泥石流提供了丰富的松散固体物质的来源。例如中国西藏高原东部断裂带、西昌安宁河大断裂、云南东川小江断裂、甘肃武都白龙江断裂等地段，全都广泛地发育泥石流。泥石流沟群常常集中分布在一些深大断裂构造及它的附近地段。

强烈地震也是泥石流固体物质快速、大量聚积的重要因素，地震活动显著地降低了岩层的强度，破坏了山体的稳定性，使山体开裂以至发生崩塌和滑坡等块体运动，直接增加了泥石流的固体物质来源。地震还常使暂时停歇的泥石流复活，使衰退的泥石流"返老还童"。

重力作用形成的山坡块体运动，如滑坡、崩塌、错落等现象对泥石流固体物质的集聚起到重要作用。第四纪的各种松散堆积物，最容易直接受到侵蚀冲刷，形成泥石流的发源地。

有利的地形地貌条件。陡峻的地形，高差很大的地势，都是泥石流经常发生的地方。中国大多数泥石流都发生在高原边缘、具有这种特征的陡峻坡面，以及深切的沟谷之中。沟谷地形是泥石流的集散地，是固体物质积零成整的储备区。沟谷中的松散物质，在山洪激发下，顺着陡峻的沟谷揭底拉槽，冲向下游，以"零存整取"的形式爆发泥石流，使人猝不及防，酿成灾害。

充足的水源和适当的激发因素。水是激发泥石流的重要条件，又是泥石流的组成部分和搬运介质。泥石流的水源有暴雨、冰雪融水、水体溃决等不同的形式。特大暴雨是促使泥石流爆发的主要动力条件。

连续降雨后的暴雨，是触发泥石流的又一重要动力条件。由于前期降雨使坡土体和破碎岩层含水饱和，强度降低，松散储备物质更不稳定，在继发的暴雨径流冲击下，很容易形成泥石流。

人为因素的影响。人类活动的不良影响，主要是破坏了自然的平衡条件，增加松散固体物质的补给量或水量。 山区公路、铁路的修建，日益频繁的生产活动，有时会破坏山体的稳定性，增加泥石流的物质来源，促使泥石流的发生和发展。

泥石流的防治

　　泥石流的防治措施有生物措施和工程措施。生物措施指植树造林和种草、育草；工程措施指跨越、穿过、防护、排导和拦挡等工程设施。

　　跨越工程。修建桥梁、涵洞从泥石流上方凌空跨越，让泥石流在其下方排泄。根据1977年的考察资料，中国成昆铁路沿线249条泥石流沟共修建桥梁157座，涵洞48座，占全部221项工程的92.8%，可见桥涵跨越是通过泥石流地区的主要工程形式。

　　穿过工程。修建隧道、明洞从泥石流下方穿过，泥石流在其上方排泄，这是通过泥石流地区的又一种主要工程形式。据统计，成昆线穿过泥石流共修建隧道、明洞和渡槽16座，占全部221项工程的7.2%。

　　防护工程。对泥石流地区的桥梁、隧道、路基，泥石流集中的山区、变迁型河流的沿河线路或其他重要工程设施，作一定的防护建筑物，用以抵御或消除泥石流对主体建筑物的冲刷、冲击、侵蚀和淤埋等危害。防护工程主要有护坡、挡墙、顺坝和丁坝等。

排导工程。它的作用是改善泥石流流势，增大桥梁等建筑物的泄洪能力，使泥石流按设计意图顺利排泄。泥石流排导工程包括导流堤、急流槽和束流堤三种类型。导流堤的作用，主要在于改善泥石流的流向，同时也改善流速。急流槽的作用，主要是改善流速，也改善流向。束流堤的作用，主要是改善流向，防止漫流。导流堤和束流堤组合成束导堤，可以防止泥石流漫流改道为害。

拦挡工程。是用以控制组成泥石流的固体物质和雨洪径流，削弱泥石流的流量、下泄总量和能量，减少泥石流对下流经济建设工程冲刷、撞击和淤积等危害的工程设施。拦挡工程包括拦渣坝、储淤场、支挡工程、截洪工程等。

治理泥石流的主要方法就是生物措施。生物措施包括恢复植被和合理耕牧。植被对治理泥石流可以起巨大的作用。需要育林的地区，一般是坡高大于25度的陡坡，植树造林，成功地恢复植被，需要克服多种不利的自然因素，还要正确地解决好林、牧、薪（烧柴）之间的矛盾。

实行泥石流的全流域综合治理。按照泥石流的基本性质，采用多种工程措施和生物措施相结合，上、中、下游统一规划，山、水、林、田综合整治，以制止泥石流形成或控制泥石流危害。这是大规模、长时期、多方面协调一致的统一行动。

保护臭氧层

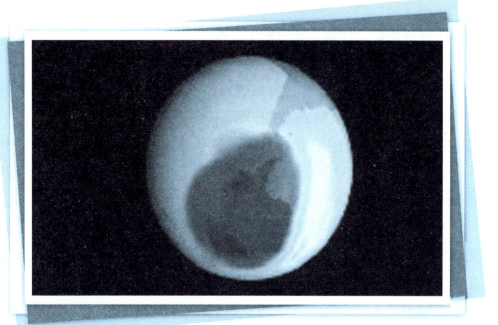

  自从大气臭氧层被发现以来，就得到人们不同寻常的关注，人们一直在关注着它的一举一动。在南极臭氧洞发现之前，人们就早已发现臭氧层耗损。科学家们经过长期的观测、研究，已经基本查清臭氧层耗损乃至出现臭氧空洞的原因，并找出了那些破坏臭氧层的"杀手"。

  什么原因使得臭氧层遭受严重破坏以致形成巨大的空洞，这是科学家们研究的主要课题。许多科学家提出了自己的看法，他们曾经争论了很久，最后趋于一致的看法是人类滥用氟利昂所致，氟利昂是破坏臭氧层的头号"杀手"。

  氟利昂（CFCs）又称为氟氯烃化合物，是美国通用汽车公司1928年首先开发使用的一种化合物，广泛应用于制冷系统。它具有优良的化学性能，如对化学试剂具有稳定性、无腐蚀性，不燃、不爆炸、低导热性，良好的吸热、放热性和低毒性等，因而还广泛用于制洗净剂、杀虫剂、除臭剂、发泡剂等，因其用途广，用量很大，在1985年时世界氟利昂年产量已达千吨以上。氟利昂使用后并不分解，随着废气排出，进入大气层。

1974年美国学者首先提出，我们人类广泛使用的氟利昂进入大气后，在对流层末分解就进入同温层，分解后会使臭氧层遭到破坏，这一理论被后来的研究和事实所证明。

氟利昂气体排放到大气中后，由于其高度稳定性，在臭氧层以下的大气中几乎不发生化学反应,但当氟利昂气体上升到臭氧层顶部,在强烈的紫外线照射下将发生裂解,分解出氯原子,氯原子再与臭氧发生连锁反应：

$$Cl+O_3 \rightarrow ClO+O_2 \qquad ClO+O \rightarrow Cl+O_2$$

从上述反应中可以发现，在第一个反应中耗掉的氯原子又在第二个反应中还原出来,可以继续它的破坏反应。这就是一种破坏臭氧的链式反应。反应的结果是使臭氧转变为氧分子。由于链式反应,氟利昂分子释放出来的一个氯原子可以破坏掉上万个臭氧分子。所以排放到大气中的大量氟利昂气体是名副其实的臭氧杀手,将对臭氧层造成巨大的破坏。

另一个破坏臭氧层的杀手是哈龙灭火剂（溴代物），它所占的比例很小,但它对臭氧层的破坏也是连锁式的,并且它可以在大气中存在达百年以上，其破坏作用也不可忽视。

在对流层顶部飞行的飞机排出的氧化氮等气体也破坏臭氧层，这些气体可充当破坏臭氧层的催化剂。有人计算，只要有500架大型超音速飞机每天定期飞越美国上空，那么只需一年时间,大气臭氧的含量就会减少50％。另外,农业上无控制地使用化肥所产生大量的氧化氮及各种燃烧所产生的氧化氮进入大气后都可破坏臭氧层，其作用也不可忽视。

当代女娲补苍天

　　1985年英国科学家首次在南极发现臭氧空洞以来，臭氧层问题便成为全球最为关注的环境问题之一。近年来的观测表明，南极的臭氧洞在不断扩大，现已增大到原来的2倍多。1998年12月4日，世界气象组织在日内瓦发布消息，南极臭氧洞面积在当年9月底的几天里已超过了2100万平方千米，据美国宇航局最近公布的一份报告，南极臭氧洞的面积已2720平方千米。1987年德国科学家发现在北极上空也出现了臭氧洞，后来人们进一步发现，它出现在每年2月，面积约为南极臭氧洞的1/3。不仅如此，更为令人不安的是世界其他的地方也出现了臭氧的减少。因此，拯救修补臭氧层已是当务之急。在中国古代神话中，有女娲炼五色石补天的故事，现在，臭氧层真的出现空洞的时候，谁来修补呢？谁又是当代的女娲呢？

现在，全人类在补天的旗帜下已经一致行动起来。臭氧层破坏的主要原因业已查明，为了防止臭氧层继续遭到严重破坏，唯一的"补天术"就是减少和停止使用氟利昂产品。为此，自20世纪80年代中期以来，国际社会通力合作，作出了很多努力。

1985年8月，美国、日本、加拿大等20多个国家签署了关于臭氧层保护的《维也纳公约》，这是原则上限制使用含氯氟烃化合物的初步协议。

1987年9月，24个国家共同签署了《关于消耗臭氧层物质的蒙特利尔议定书》，该议定书规定签字国在2000年把"臭氧杀手"氟利昂的产量削减一半，并要求他们依照削减时间表来减少5种氟利昂和三种溴化物的生产和消耗。

1989年3月在英国伦敦召开了挽救臭氧层国际会议，有128个国家的代表出席，会议目的在于加深认识氟利昂对臭氧层的破坏作用，交流防治臭氧层破坏的办法，促使更多的国家承担责任，尤其是作为氟利昂的主要生产、排放者的发达国家应当首先负起挽救臭氧层的责任。

1990年，大约60个国家在英国伦敦签署了蒙特利尔议定书补充协议，对议定书做了修改。1992年，在哥本哈根对议定书再次进行修订，缔约国发展到162个，受控制物质种类增加到6类94种。中国政府于1991年6月加入1990年修订后的《蒙特利尔议定书》，1997年底，中国政府决定除医药品外，全面禁用气雾制品中的氟利昂物质，比议定书规定的时间提前了13年。

另一方面，研究和开发新的替代产品以取代氟利昂也是十分重要的。这方面的工作已取得一定的进展，如无氟冰箱的研制；用不影响臭氧层的氢氟烃代替氟利昂；日本公害资源研究所研制出的能分解氟利昂的催化剂等技术成果，将在保护臭氧层的工作中发挥作用。

大气污染的综合治理

　　由于大气污染日益严重，已经给人类和生态环境造成巨大威胁，因此，大气污染的治理已成为当今世界所要迫切解决的重大问题。鉴于大气污染源多且其影响因素的复杂性，只靠单项治理措施无法解决大气污染问题，必须从区域大气污染状况出发，统一规划并综合运用各种防治措施，才能有效地控制大气污染。

　　减少或防止污染物的排放。减少污染物的排放是防治大气污染的首要措施，减少污染物排放的措施很多，而且容易见效。例如改革能源结构，采用无污染或低污染的能源；改进燃烧装置和燃烧技术；节约能源和开展资源综合利用；采用无污染或低污染的工业生产工艺；加强管理，减少事故性排放和逸散；及时清理和妥善处理工业、生活废渣，减少地面扬尘等均可减少污染物的排放。

治理排放的主要污染物。燃烧过程和工业生产过程在采取上述措施后，仍不可避免地有一些污染物排入大气，这就需要控制其排放浓度和排放总量。主要方法有：利用除尘装置去除烟尘及各种工业粉尘；采用气体吸收装置处理有害气体；还可应用各种物理的、化学的、物理化学的方法来回收利用废气中的有用物质，或使有害气体无害化。

采用合理的工业布局。工业过分集中，污染物的排放量大，大气自然净化就困难，若将工业分散布设，污染物排放量小，易于自然净化。厂址选择要考虑地形，应尽量选择在有利于污染物扩散稀释的位置。工厂区和生活区之间要保持合理距离，以减少废气对居民的危害。还可把有原料供应关系的工厂设在一起，相互利用，减少废气的排放量。

采用区域集中供暖、供热。在城市的郊外设立大热电厂，代替千家万户的炉灶，可以大大提高热利用率，降低燃料的消耗，减轻大气污染。

减少交通废气污染。交通废气包括火车、汽车、飞机等排出的废气，其中以汽车废气对城市大气的污染最为严重。目前世界各国都致力于研究减少汽车污染的各种措施，如绿色汽车的研制、无铅汽油的使用等。

种植树木草坪。植物具有美化环境、调节气候、滞留粉尘、吸收有害气体等功能，可以净化大气。因此植树绿化、种花种草是防治大气污染行之有效的办法。有计划、有选择地扩大绿地面积是防治大气污染的一个经济有效的措施。

水俣病揭秘

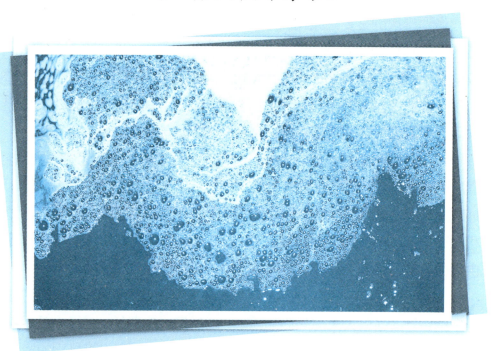

　　在水俣病发现后，日本熊本大学医学部的水俣病研究小组遂深入渔村，对病因进行调查、研究。在调查中发现在发病前早已有一些异常现象发生，如从1949年起，水俣湾许多渔村就陆续发现湾内的藻类变白，浮在水面，且逐渐减少，不少鱼儿奄奄一息地漂在水面，还频频发生水鸟坠落、狂猫跳海等现象，这说明它们与水俣病有密切联系。

　　通过对当地100余名患者调查结果分析，发现发病的时间主要在2～9月的捕鱼旺季，发病人以渔民及家属居多，发病地区集中在水俣湾沿岸的渔村，说明发病与吃鱼有关。至于鱼体中毒物的来源，研究小组从环境因素调查中确认为是从水俣工厂排放的大量废水所致。是这些污水污染了水体，使鱼体含毒；人吃了鱼，便会中毒发病。为此，研究人员把目光转向废水上。

　　研究人员把注意力集中在工厂上，他们对水俣工厂排出的废水、海水、鱼贝、水俣病死者和疯猫内脏，进行了检测，发现其中含有汞、硒、铊等多种成分，他们又进行了各种实验，尤其是用工厂废水所做的喂猫实验，每天喂猫20克废水，78天后得到了与水俣病猫完全相同的结果。后来一位专家从水俣工厂排出的废渣中和水俣湾的鱼贝中，提取出氯化甲基汞结晶，并用此结晶和水俣湾中捞出来的鱼贝做喂猫实验，均得到典型的水俣病症状。他们又用此结晶作红外线光谱分析，所得汞渣结晶、鱼贝结晶与纯甲基汞结晶的红外线吸收光谱完全一致。

　　经过几年的调查研究，熊本大学的研究人员终于揭开了"水俣病之谜"。他们在1959年提供的报告中指出："水俣病是由于渔民食用了水俣湾含甲基汞的水、鱼和贝类引起的。甲基汞来自于水俣镇附近那家合成醋酸厂，这家工厂为了降低生产成本，在生产氯乙烯时采用一种含汞的化合物作为催化剂，致使大量的含甲基汞的废水、废渣排入水俣湾，造成海水的污染，这些甲基汞为水中鱼贝类生物所富集并固着在其体内，当地居民食用了含有甲基汞的鱼贝类后，造成甲基汞中毒而得了水俣病。

　　水俣病有急性、慢性、潜在性等类型，如果短时间内摄入甲基汞1000毫克，就可以出现痉挛、麻痹等急性症状，并很快死亡；如果短期内连续摄入500毫克以上的甲基汞，就可相继出现肢端感觉麻木、视觉缩小、运动失调等症状。

　　甲基汞进入人体后，很容易吸收，不易降解，排泄很慢，特别是容易在脑中积累，侵害成年人的大脑皮层，也侵害小脑，对胎儿侵害几乎遍及全脑。水俣病以它严重的后遗症而著称，至今没有有效的治疗方法，患者大都死亡或残废。防止水俣病悲剧重演，是环境保护的重要任务之一。

水是工业的血液

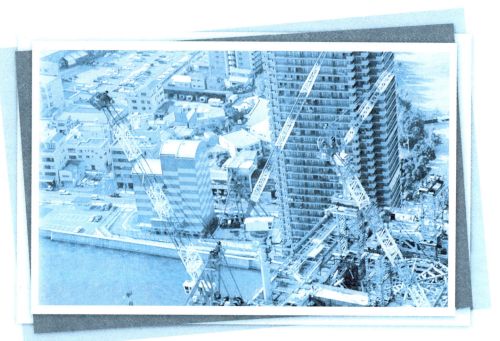

　　水是工业的血液，任何工业生产都离不开水，可以毫不夸大地说，几乎没有一种工业不用水，没有水，工厂就不能开工。

　　水是一种最优良的溶剂，它不仅能溶解很多物质，而且还可用于洗涤、冷却和传送等方面。由于水具有多方面得天独厚的性质，因此在工业上得到极为广泛的应用。

　　工业上用得最多的是冷却用水。由于水具有比其他液体物质大得多的热容量，可储藏较多的热量，并且水价格低廉，取用方便，因而使之成为工业部门用量最大、最经济实惠的一种冷却剂。冷却用水在工业生产过程中可以带走生产设备多余的热量，以保证生产的正常进行。在火力发电、冶金、化工等工业部门冷却水用量都很大。一个40万千瓦的热电厂，大概需要20多个流量的水，即需要每秒流过某一断面的水量为20立方米。

钢铁厂每生产1吨钢，需耗用200吨的冷却水；合成氨化工厂每生产1吨氨，则需要冷却水480吨左右。一个工业发达的地区，冷却用水量一般可占工业用水总量的70%左右。不过冷却水可以重复使用，而且对水质一般影响不大，这样可减少水的消耗量。

另一种工业用水是产品用水。它在生产过程中与原料或产品掺杂在一起，有的成为产品的一部分，有的只是生产过程中的一种介质，如在食品工业中的酿酒、制醋、生产酱油、制造饮料等工业中，水都成为产品的组成部分，这些工业对水的质量要求十分严格。在造纸、印染、化工、电镀等工业中也有产品用水。这些水用后会含有大量的有害物质，如不进行处理，可能造成严重的水体污染。这种工业用水的重复利用率很低，耗水量也很大。如，一个50万纱锭的纺织印染厂，日需水量在5000吨以上；每生产1吨人造纤维，用水量在1000吨以上，造纸工业也是用水大户，每生产1吨纸，可消耗500吨左右的水。

再一种就是动力用水。即以水蒸气推动机器或汽轮机运转。这主要应用在一些机械、动力、开采等行业。这种水对水质要求不高，可以循环使用，真正的耗水量也不是很大。

此外还有用来调节室内温度、湿度的空调用水，用于洗涤、净化的技术用水以及厂区绿化所需要的水等也要消耗掉相当一部分水。

近年来，随着工业的迅速发展，对水资源的需求也在急剧地增长，据估计，工业用水一般占城市用水总量的80%，它是造成许多地区水资源供需矛盾日益尖锐的主要因素，更是许多城市出现"水荒"的原因之一。因此，必须加强工业用水管理。

水是农业的命脉

　　水是农作物生长的基本条件之一。要保证农作物的正常生长发育，必须根据不同作物对水分的需求，保证适时适量地供应水分。

　　水分是作物的重要营养物质，所有植物体中都程度不同地含有一定量的水分，蔬菜中水分的比重较大，如马铃薯中水分占70.8％；黄瓜中的水分达90％以上。粮食作物中的水分则较少，如稻谷中水分占10.6％；大豆中水分占9.8％。

　　几乎所有的作物生长发育过程都和水密切相关，种子的萌发和庄稼的生长，都需要有充足的水分。根据科学的测定，生产1吨小麦需要1500吨水，生产1吨棉花需要1万吨水；一株玉米，从它出苗到结实，所消耗的水分达200千克以上。"水是农业的命脉"，生动说明了水在农业环境中的重要作用。

种子播入农田后，土壤里要有一定的含水量，使种子体积膨胀，外壳破裂，与此同时，子叶里储藏的营养物质溶解于水，并借助水分转运给胚根、胚轴、胚芽，使胚根伸长发育成根，胚轴伸长拱出土面，胚芽逐渐发育成茎和叶，这样种子萌发生成幼苗。要使幼苗茁壮成长，开花结果，仍要供给充分的水分。水是植物跟外界环境作物质交换所不可缺少的，农作物只有在水分充足时才能够进行正常的生命代谢活动。土壤里的营养物质溶解在水里才能够被庄稼吸收；叶子是以水和二氧化碳作为原料来制造食物；植物体内的各种生理变化在充满了水的细胞里才能进行。如果土壤里缺少水分，那么叶子就无法制造食物，庄稼也不能生长发育，甚至枯死。所以说水是使庄稼正常生长、丰产高产的最重要的条件。

农作物吸收水分大部分消耗在蒸腾上。据观测，夏天一片叶子在一小时里所蒸发的水分，比它本身原有的水分还要多。植物蒸发水分是重要的生理过程，旺盛的蒸发可加速根对水分的吸收，土壤里的养分可随水流被带入植物体内，再转移到体内各部分去，供其生长发育的需要。另一方面，水分还参与调整植物的体温，维持它和气温的平衡，以免受害。

水分不足，会影响作物生长，导致作物产量下降。因而若土壤中水分不足，就要予以灌溉来补充水分。人们常见的水稻、小麦、玉米、黄瓜、白菜、西红柿等栽培作物，其需水量与有效降水量之间的差异，主要依靠人工灌溉来补充，特别是在比较干旱的地区，更需要定期灌溉。

灌溉农田具有明显的增产效果，是目前水资源的主要用途之一。据统计，农田灌溉的水量不仅超过了生活用水量，而且远远超过了工业用水量，在世界上比较落后的农业国更是如此。

水污染的防治

　　由于水污染主要是由工业废水和生活污水的任意排放造成的，要控制和进一步消除水污染，必须从控制废水的排放入手，将"防"、"治"、"管"三者结合起来。一般可采用下列有效措施来综合防治水污染。

　　减少废水和污染物的排放量。减少污染源排放的废水量，并降低其中有害物质的浓度是防治水污染的首要问题。而在这方面潜力很大，办法很多，只要努力去做，会收到显著的效果。

　　首先应改革生产工艺，努力提高原料利用率，尽量不用或少用水，尽量少用或不用会产生污染的原料、设备和生产技术。这是减少废水数量，减少污染的最根本的措施。

　　其次可尽量采用全封闭式或半封闭式循环用水系统，使废水在一定的生产过程中多次重复使用或采用连续使用水系统，减少新水补充，少排废水。如高炉煤气洗涤废水经沉淀、冷却后可再次用来洗涤高炉煤气，并可不断循环。

另外要尽量使流失至废水中的原料与水分离，就地回收，变废为宝，化害为利，这样既可减少生产成本，又可大大降低废水浓度，减轻污水处理负担。如造纸废液碱度大、有机物浓度高，是一项重要污染源。可从中回收碱或二甲基亚砜等有用物质。

妥善处理城市及工业废水。采用上述措施后，仍会有一定数量的工业废水和城市污水的排放，如果不经处理，任意排放，必将污染环境，污染水体。为了确保水体不受污染，必须在废水排入水体以前进行净化处理，使其实现无害化。

对于工业废水的处理，大型企业及某些特殊的企业，应建有自己的污水处理厂。电厂污水、 冶金企业污水等容易处理。但是化工、医药等行业的污水处理较难，应采取特殊的技术。根据大中城市的不同情况，可建立不同处理深度的城市污水处理厂。对于中小城市，适合于建立中小型污水厂或其他诸如氧化塘等处理设施。

加强监督管理。经常性的监测和科学的管理可以使水污染的防治工作有目标、有方向地进行，因此是不可缺少的一环。应建立统一的管理机构，颁布有关法规、条例，制定出工业废水及城市污水的排放标准，对工业废水的排放量和废水浓度进行严格的监测和管理。实行污染物排放总量控制，排污单位应在总量控制目标以内排污，超量排污必须限期整改并加重收费，以促使其改进工艺，减少废水，从而达到控制污染的效果。

地球上最大的淡水库——冰川

044

在地球上纬度较高地区和高山地区，气候异常寒冷，积雪常年不化，时间久了，就形成了蓝色透明的冰层。冰层在压力和重力作用下，沿斜坡慢慢向下滑去，就形成了冰川。

冰川是陆地表面的重要水体之一，也是地球上最大的淡水储存库，其储水量约占陆地淡水总储量的68.7%。地球上的冰川如果全部融化，那么海平面将上升80～90米，地球上所有的沿海平原将变成汪洋大海，荷兰、英国等几十个低洼国家将成为海底世界，法国巴黎也许只能看到艾菲尔铁塔的塔顶了。

地球上的冰川大约有2900多万平方千米。根据其形态和分布特点，可分为大陆冰川和山岳冰川两大类。大陆冰川又叫冰盖，它是冰川中的"巨人"，面积大，冰层厚，中间厚，四周薄，呈盾形，主要分布在南极洲和北极的格陵兰岛上。

南极洲是冰的"故乡"，那里有面积达1398万平方千米的巨大冰盖，最大冰厚度超过4000米，平均厚度2000米。冰从冰盖中央向四周流动，最后到海洋中崩解。由于气候寒冷，南极洲一年到头几乎都是"千里冰封、万里雪飘"的冰雪世界。可是近30年来，那里竟出现了一些异常现象，有的地方冰雪开始融化，有的地方甚至出现小片的绿洲，边缘的冰山脱离母体向大洋漂去，仅1998年就失去3000平方千米的冰面积。这些现象显示，全球气温上升已使南极冰川加速融化。据极地科学家称，在过去的50年里，南极的温度已经上升了2.5℃。而在北极，升高2.5℃只用了30年时间。卫星监测结果显示，海平面已上升了6.3毫米。

北极是地球上的另一个冰雪聚集之地。在格陵兰岛上冰川面积为165万平方千米，占格陵兰总面积的90％，中心最大厚度1860米。在寒风刺骨的北冰洋冰层上，除了人们要用热水将冰加热，一般是见不到液态水的。可是，2000年夏，北极也出现令人震惊的现象：北极竟出现一片宽1600米的水域！科学家认为，南北两极的消融现象是地球气温上升的一个信号，如果这种趋势持续下去，人类就将遇到许多麻烦，导致海平面上升，台风、暴雨、旱涝灾害频繁发生等一系列环境问题。

山岳冰川主要发生在中纬度与低纬度地区的山地上，它们的形态常受地形的影响，比大陆冰川小得多。它们有的蜿蜒逶迤、静卧幽谷，有的气势磅礴，如瀑布飞泻而下，尤其是那些冰川上的冰塔、冰洞，千姿百态，十分壮观。喜马拉雅山、阿尔卑斯山、高加索山等都有山岳冰川。山岳冰川是许多大江大河的发源地，冰融水是河流水源的供应者，滋润着山下的田野。

第二章　各种资源的环境保护

人类的生存，以及日常的生产，生活所需要的物质，都是资源。例如空气、水、土地、动物和植物，是人类必不可少的资源。

人和所有生命物质，均生存在大气中，在这个世界上，没有比空气更为重要的东西了，医学证明，如果没有空气，人在几分钟内就会死亡；如果呼吸了严重污染的空气，就会患危及生命的疾病。可是现在不少地方的空气被污染了，怎么办？

水是地球生命的源泉，是经济发展的命脉，是地球奉献给人类最宝贵的资源。生命起源于水，生物生存离不开水，工农业生产也需要大量的水。正因为有了水，才养育了地球上成千上万的生命，也正是因为有了水，地球才成为一个生机盎然、色彩缤纷的世界。可是，水被污染了，干旱严重了，洪涝肆虐，到了该治水的时候了。

土地与人类的关系太密切了，它是人类衣、食、住、行的源泉，是人类生息繁衍的地方。如果没有土地，就好比没有空气、阳光与水等基本要素一样，人类就无法生存了。可是现在土地沙化、荒漠化、盐渍化严重，水土流失严重，大量耕地减少，人类面临饥饿的来临，怎么办？只有奋起整治土地，才能还土地肥沃、可耕性好的面貌。

生物资源是大自然赋予人类的宝贵财富，是人类社会赖以生存和发展的重要物质基础。同时，无论动物、植物，都是人类亲密的伙伴，人类不可能脱离生物而独立生存。因此人类要像爱护自己一样来珍惜各种生物，合理利用生物资源。

在环境科学中，资源环境是非常重要的部分，无论是自然环境，还是社会环境，都同资源环境密切相关。所以，目前世界各国都相继制订出一系列资源环境的保护条例。比如，大气保护公约、水土保护条例、生物保护条例等。

资源环境的破坏，多数都是人为因素所致。比如空气污染，是人类大量燃烧矿物燃料所致，只有通过向大气减排二氧化碳、二氧化硫、硫化氢等废气来解决；水土流失是人类过度开垦、使用不当造成，向江河湖泊、海洋排放污水，造成水体污染，只能由人类的生产、生活中，制订防止污染等保护措施加以解决。

当前保护资源环境是头等大事，世界各国已行动起来了，使用清洁能源，减少向大气排放废气，禁止向江河湖海排放污物污水，禁止乱砍乱伐森林，保护植被，减少水土流失，减缓沙化、荒漠化、盐渍化，还地球美丽和谐的自然环境。

环境保护法

环境保护法指调整因保护和改善生活环境和生态环境，合理利用自然资源，防治环境污染和其他公害所产生的各种社会关系的法律规范的总称，是国家为了协调人类与环境的关系，保护和改善环境，以保护人民健康和保障经济社会的持续、稳定发展而制定的。

（一）环境保护的任务

1.保护和改善生活环境与生态环境

环境保护法明确将环境区分为生活环境和生态环境，并且突出了对生态环境的保护和改善。强调要加强对农业环境和海洋环境的保护。

2.防治环境污染和其他公害

防止环境污染也称防治"公害"，就是指防止在生产建设和其他活动中产生的废气、废水、废渣、粉尘、恶臭气体、放射性物质对环境的污染，以及防治噪音、震动、电磁波等对环境的危害。

（二）环境保护法的目的

"保障人体健康"和"促进社会主义现代化建设的发展"是我国环境法的双重目的，两者之间存在辩证关系。发展经济、实现现代化是根本目的，而良好的生活环境和生态环境也是现代化的重要目标之一。

（三）环境保护法的作用

1.环境法是保证环境保护工作顺利发展的法律武器

历史经验证明，进行社会主义现代化建设，必须同时搞好环境建设，这是一条不以人们的意志为转移的客观规律。任何人违反法律，都将受到相应的制裁。环境法的推出，使环境管理具有更大的权威，能促进环境保护工作的顺利发展。

2.环境法是推动环境保护区域中法制建设的动力

环境保护法是我国环境保护的基本法，它明确规定了我国环境保护的任务、方针、政策、基本原则、制度、工作范围、机构设置和法律责任等问题。这些都是我国环境保护工作中根本性的问题。所以，环境保护法的颁布施行，起着推动我国环境保护领域中法制建设的重大作用。

3.环境法增强了广大干部和群众的法制观念

环境保护法的颁布施行，从法律高度向全国人民提出了要求，所有的企事业单位、人民团体和每个公民，都要加强法制观念，大力宣传环境保护法，严格执行环境保护法。

4.环境保护法是维护我国环境权益的重要工具

环境是一个内容非常丰富的概念，是没有国界之分的。

环境管理的八项制度

　　环境影响评价制度。环境影响评价是指对可能影响环境的区域开发、重大工程建设、区域发展规划或其他可能对环境造成影响的人类活动，在事先对活动可能引起的环境影响进行调查、预测和评定。

　　"三同时"制度。"三同时"制度是指建设项目中的环境保护设施必须与主体工程同时设计、同时施工、同时投产使用的制度，是防止新污染的产生，实现预防为主原则的有效措施之一。

　　排污收费制度。排污收费制度是指对所有向环境中排放污染物的单位和个体生产经营者，依照国家的规定和标准收费用的制度。我国的排污收费制度规定对各种污染因子，按照一定标准收取一定数额的费用，专款专用。

　　环境保护目标责任制。保护目标责任制是一种具体落实地方各级人

民政府和有污染的单位对环境质量负责的行政管理制度。这种制度以社会主义初级阶段的基本国情为基础,以现行法律为依据,以责任制为核心,以行政制约为机制,把责任、权利、利益和义务有机地结合在一起,明确了地方行政首长在改善环境质量上的权利、责任和义务。

城市环境综合整治定量考核制度。城市环境综合整治就是在市政府的统一领导下,以城市生态理论为指导,以发挥城市总和功能和整体最佳效益为前提,采用系统分析的方法,从总体找出制约和影响城市生态系统发展的综合因素,理顺经济建设、城市建设和环境建设的相互依存又相互制约的辩证关系,用综合的对策整治、调控、保护和塑造城市环境,为城市人民群众创建一个适宜的生态环境,使城市生态系统良性发展。

排污许可证制度。排污许可证制度是以污染物总量控制为基础,以改善环境质量为目的,对排污的种类、数量、性质、去向、方式等所作的具体规定,是对区域内污染源的污染物排放实施的定量化管理。

污染集中控制制度。污染集中控制制度是指在一定的区域内、特定的污染状况下,对一些同类污染运用政策手段、管理手段、经济手段、工程技术手段,采取综合的、适度综合的、适度规模的集中防治控制措施,有利于采用新技术,推动技术进步,提高污染治理效果。

限期治理污染制度。限期治理污染制度是指对现已存在的危害环境的污染源,由有关的人民政府作出决定,责令在一定期限内治理并达到规定的要求。

中国的环境保护

　　"环境保护"一词起源于近代，但有益于环境保护的法律早已有之。西周时，人们对山林、鸟兽的保护就极为重视，《逸周书·大聚》就有春天不得上山伐林，夏天不得下河捕鱼的记载。《礼记·月令》中还有禁止捕杀幼虫、飞鸟的记述。战国时，国家已有正式的法律条文，约束乱砍滥伐的行为，保护自然资源。当时齐国兴厚葬之风，林木伐尽了，国家将无以守备，齐桓公便发布了一道命令："棺椁过度者戮其尸。"秦国法律对自然环境的保护提出了更严格的要求。1975年12月，考古工作者在湖北云梦县发掘了12座战国到秦代的古墓，在第11号墓中出土了大量秦代竹简，其中一些竹简上刻着具体翔实的《田律》。虽然个别字已难辨，但整篇条文的意思是很清楚的。用现代语言翻译出来，大体意思是这样：

　　从春季二月开始，不准进山砍伐林木，不准堵塞林间水道。不到夏季不准入山采樵，烧草木灰。不准捕捉幼兽幼鸟或掏鸟卵。不准（字迹不清），毒杀鱼鳖。不准设置诱捕鸟兽的网罟和陷阱。以上禁令，到七月才得解除……

只有因家中有人死亡，需要伐木做棺材的特殊情况，伐木才不受季节限制。

凡是居民点靠近畜养牛、马、兽类的养殖场或其他禁苑者，在幼兽繁殖季节，居民不得携带猎犬前去打猎。

虽然在秦之前中国就有"春三月，山林不登斧，以成草木之长；夏三月，川泽不入网罟，以成鱼鳖之长"等记载，但作为完整的环境保护法，当首推《田律》。

自20世纪70年代以来，中国政府十分重视环境保护问题。国务院于1973年8月召开了第一次全国环境保护会议，第一次承认中国存在环境问题，并且还比较严重。会上通过了《关于保护和改善环境的若干规定》的纲领性文件。1979年9月第一部环境保护的法律——《中华人民共和国环境保护法（试行）》诞生了。

在中国，早已把环境保护作为基本国策。《水法》、《矿产资源法》、《森林法》、《环境保护法》等陆续出台。并根据国情，确定了经济建设和环境保护同步规划，社会效益与环境效益相统一的环境保护战略方针，建立了从中央到地方的一整套具有中国特色的环境保护政策法规体系。

土壤——黑色生物王国

土壤中栖息着丰富多采的生物，这些土壤生物是土壤的重要组成部分，正是由于它们的存在和活动，使土壤的肥力不断提高，使各种植物在土壤中茁壮成长。

土壤中的生物多种多样，其中土壤微生物是生存在黑色土壤王国中数量最多的居民。虽然它的质量还占不到土壤有机物的百分之一，但其数量却大得惊人。据研究，1克的土中就有数百万个微生物，其中大部分是细菌，还有数量可观的藻类、真菌、放线菌及原生虫等。

土壤微生物在土壤中起着十分重要的作用，细菌、真菌和藻类是动植物腐烂的主要原因，它们将动植物的残体还原为无机质，形成各种养分，从而促进作物的生长。假如没有这些微小的生物，碳、磷、氮等化学元素就无法通过土壤、空气以及生物组织进行循环活动。微生物在土壤里生存，还能产生二氧化碳，并形成碳酸，促进了岩石的分解。土壤中还有一些微生物可促成多种多样的氧化和还原反应，通过这些化学反应使土壤中的铁、锰、硫等一些矿物质发生转移，并转变成植物可吸收的状态。

土壤中微小的螨类和被称为跃尾虫的没有翅膀的原始昆虫的数量也十分巨大。尽管它们很小，却能除掉枯枝落叶，从而促使森林地面碎屑慢慢转化为土壤。例如，有些螨类可在掉下的树叶里生活，隐蔽在那儿，并消化掉树叶的内部组织。当螨虫完成它们的演化阶段，树叶就只留下一个空外壳了。另外，土壤里和森林地面上的一些小昆虫，对付大量的落叶植物的枯枝落叶更是有着惊人的本领。它们浸软和消化了树叶，并促使分解的物质与表层土壤混合在一起，极大地提高土壤的肥力。

土壤中还有许多较大的生物，它们与地面上的生物一样过着杂居生活。其中一些是土壤中的永久居民，如蚯蚓等；一些则在地下冬眠或度过它们生命过程中的一定阶段，如蜘蛛、蜈蚣和昆虫幼蛹等；还有一些是在它们的洞穴和上面世界之间自由往来，如老鼠、蚂蚁等。土壤里这些居民的存在及其活动，使土壤中充满了空气，同时也大大地促进了水分在植物生长层的流动，有利于植物的生长。

蚯蚓是土壤中的最重要的居民，在土壤中所起的作用也十分巨大。蚯蚓具有极强的生物转化能力，它可以把土壤中的各种有机废物连同土壤一起吃进去，而排出的则是掺杂了有机物的肥土，排泄物中的钙质被浓缩后，对酸性土壤具有改良作用。蚯蚓粪便是一种优良的有机复合肥料，养分十分丰富，因此，蚯蚓出没的地方，土质特别肥沃，植物生长良好。此外，由于蚯蚓在土壤中活动，可使土壤的孔隙增加，从而使土壤排水和空气流通良好。据统计，由蚯蚓翻松的土量，每1000平方米每年可达38～55吨。

防止土壤流失

土壤是在岩石的风化作用和母质的成土作用的综合作用下形成的。

地表岩石在风化作用过程中，发生破碎分解，并进而形成成土母质。成土母质主要是松散的碎屑物质，具有通气、透水、保水等性能，有利于水分与空气的进入，并且含有岩石在风化过程中释放出来的可溶性化合物，有利于植物营养元素的释放与集中，从而为某些对环境条件要求不高的微生物的生长创造了条件，为土壤的形成奠定了基础。

成土母质只是一层单纯的无机物组成的松散物质，它与土壤不同，还缺乏植物生长过程所必需的有机质，因此它还不具备植物生长所需要的肥力条件。成土母质还必须在生物参与下经过一系列作用才能转变成为土壤。

在地球表面未出现生物之前，自然界并没有土壤，那时只能进行岩石的风化作用,而且速度极其缓慢。直到第一个具有完备生命特征的化能自养细菌出现之后,才使这种状况发生明显改变,不仅使风化作用加速进行,而且能积聚养料,提高肥力,并导致土壤的形成。这种细菌本领很大,分泌的酸能使坚硬的岩石分解,并从岩石分解过程中得到能量和养分。虽然得到的能量和养分很少,但它们却能很好地生活下去。化能自养细菌的寿命十分短暂,由于它们的生生死死,就在岩石的风化物——成土母质里积累了有机质。天长日久,积累的有机质日益增多,从而为异养型细菌的出现创造了条件。

异养型细菌在其生命活动中能分解有机质,并能释放出大量的二氧化碳和氮气。随着二氧化碳在自然界的增多,为绿色植物的出现创造了有利条件。绿色植物具有选择性吸收元素的能力,它不断吸收母质中的元素堆积在自己体内。当植物死亡后,残体分解时,被吸收的元素又重新释放给母体,供下一代生物吸收利用。这样随着生物的进化,生物富集养分元素的能力和死亡后提供腐殖质的能力不断增强,并逐步形成了具有肥力的土壤。

美国生态学和农业学教授戴维·皮门特尔曾参加关于土壤侵蚀对环境和经济影响的调查,他曾对记者说:"形成1英寸(1英寸=2.54厘米)的土壤层,需要近500年的时间,而我们在200年中,损失了1500年形成的表土层。"当前,土壤的侵蚀,是一个未受重视的环境问题。据调查,1776年,美国适宜耕种的表土层平均为9英寸厚(即23.06厘米)。从那以后,由于土壤侵蚀,表土层已失去3英寸(即7.62厘米),现在平均只有6英寸(即15.24厘米)厚。皮门特尔说:"美国可耕地表土层流失的速度比形成的速度快17倍。"在发展中国家,问题更严重,速度更快。防止土壤流失,是当今全世界保护土壤的重要任务。

土壤的保护

　　自从有了人类耕种历史以来，人力便参与了土壤的形成和变化过程，由于人类开垦天然土壤，使土壤迅速从自然阶段转变为农业土壤阶段。人类的耕种活动，可以使自然植被被破坏，土壤裸露，遭受大气、水、热的剧烈作用，有机质分解加快，难于积累，表土直接接受雨水的袭击，冲刷加剧，淋溶流失不断深入底层。木本植物被栽培植物代替，根系活力减弱，尤其是栽培植物周期短、更替快、养分积累慢，致使土壤中热、水、气、肥变化大。也可以通过耕作施肥、灌溉排水、平整土地、改造地形以及经营管理等措施，定向培育高度肥沃的土壤。

　　首先是栽培作物。作物在生长发育过程中，一方面要吸收土壤中的水分、养分等营养物质，另一方面又以其残根、落叶和根系的分泌物质补给土壤，同时根系的机械作用又影响着土壤的结构性能，从而导致土壤

理化生物性状的改变。不同品种的农作物，产生的作用不同，其影响的性质也有所不同。如豆科作物的生长发育过程中，可因根瘤菌的活动而增加土壤的氮素营养。农业生产活动中，农民们往往根据各种不同的农作物对土壤的影响，来搭配作物品种，合理耕作，调节土壤的肥力。

其次是耕作。耕作可以改善土壤的物理性状，造就了疏松的耕作层，增加土壤的透气性和透水性。尤其是深耕，为作物根部活动和微生物的生活创造了有利条件。深耕的结果表明，作物的根系发育，加强了对底层养分的吸收与生物的累积，同时微生物活跃，加速了有机质的分解与合成作用，促进了作物的成长。

耕作结合施肥，还能够改善土壤养分条件，促使更多的营养物质加入到生物循环中去，特别是有机肥料的施用，改善了土壤的物理与生物性，补充了土壤中能量的来源，加强了生物循环的物质基础，促使土壤肥力迅速提高。

农田合理灌溉排水可有效控制土壤水分状况，并通过土壤水分来调节土壤的空气、温度条件，促进有机质的合成与分解，以满足农作物生长的需要。

此外，平整土地、修筑梯田及其他各项改良土壤的措施，都可为土壤肥力性状的改变和发展创造有利条件。尤其是有的改良措施，可以直接消除或削弱影响土壤肥力发挥的限制因素。例如，对强酸性的土壤施用石灰，可消除土壤酸性的危害。而盐碱土进行排水洗盐，则能消除盐分的危害。

湿地及其保护

湿地是地球上具有多功能的独特的生态系统，是自然界最富有生物多样性的生态景观和人类赖以生存和发展的环境资源之一。

湿地大约有35种，主要包括沼泽、湖泊、河流、河口湾、浅海水域、海岸滩涂、珊瑚礁、水库、池塘、稻田等自然和人工湿地。湿地与人类生存休戚相关，它源源不断地为人类提供着大米、鱼类等大量的食物、原料和水资源。而且它还在维持生态平衡，保存生物多样性和珍稀物种资源以及涵养水源、降解污染物和提供旅游资源等方面起着十分重要的作用。

从水文学的角度来看，湿地具有供应水源、蓄洪防旱、保持水质的功能。因此，人们常把湿地称为陆地上的天然蓄水库，被喻为天然海绵，它除了日常作为居民用水、工业用水和农业用水的水源以外，在雨季洪

水期，它大量吸收过剩的水，在干旱期，它则慢慢地释放储存的水。

湿地在保持水质量方面也有重要作用，并已引起人们的关注。当水流过湿地时，沼泽地和泛洪平原有助于减缓水的流速，从而使水中携带的一些沉积物沉积下来，并且有些水生植物还能有效地吸收有毒物质，使水质澄清。正是由于湿地有这些净化环境的功能，人们又称之为"地球之肾"。

人类对湿地的开发利用已有近2000年的历史。早在公元46年时，德国威悉河下游的日尔曼人已将泥炭作为民用燃料。春秋战国时期，我国就已开始对湖泊进行围垦开发。人们在湿地利用过程中认识到了湿地利用的经济价值，认识到了滩涂湿地的"渔盐之利"乃是"治国之本"。但是，随着经济的增长和人口的急剧增加，以及人们对湿地的不合理利用，使一些地方的湿地遭到不适当的围垦开发。

我们知道，湿地生态系统的破坏，在许多情况下是不可逆转的，即使经治理使其恢复也要经过相当长的时间，要付出巨大的代价，所以绝不能只为眼前利益和局部利益损害湿地资源，否则损失无法弥补甚至殃及子孙后代。

世界各国政府都早已清楚地认识到保护湿地的重要性，1971年2月2日，一个旨在保护和合理利用湿地的公约《关于特别是作为水禽栖息地的国际重要湿地公约》在伊朗签署。1996年《湿地公约》常务委员会第19次会议决定，从1997年开始，将每年的2月2日定为"世界湿地日"。目前，世界各国已经行动起来，采取各种有利措施，保护有限的湿地及其资源，使之达到可持续利用，与人类长期共存。

污泥施肥一举两得

　　在城市污水或工业废水的处理过程中，同时会产生大量的污泥。一个每天处理 10 万立方米的城市污水处理厂，每天产生的污泥达 230 立方米左右。由于这些污泥中常含有大量的有毒或有害物质，如果处理不当，会对环境造成二次污染。同时污泥中还含有大量植物所需的肥分及其他有用物质，具有一定的利用价值，因此对这些污泥的处理和利用，历来是废水处理中的一个十分重要的问题。

　　对于污泥的处理，传统的处理方法主要有投海、填埋和焚烧等几种。这几种处理方法不仅会污染土壤和大气，而且还需要很大投资。近些年来，开始采用污泥施肥的积极利用方法，有的国家还采用管道把污泥直接输送到农田，这样既处理了污泥，又能利用污泥里丰富的营养物质供给农作物，可谓一举两得。

污泥的肥效十分显著。一般城市污水厂污泥和以微生物残骸为主体的活性污泥当中，都含有许多农作物所需要的氮、磷、钾等营养成分，以及某些微量元素和丰富的有机质。有人对污泥的肥料成分作了分析表明：污泥中氮含量占4.6%～6.4%，五氧化二磷含量占4.0%～7.4%，腐殖质含量占41%。这些营养物质对农作物生长十分有利，施用以后有一定的增产效果。此外，污泥里还含有腐殖酸、胡敏酸及铜、钼、锌等微量元素，对农作物生长有一定的刺激作用，还可增加土壤的有效养分，有利于土壤的改良，特别是对沙质土壤施用效果会更好。

污泥施肥最大的障碍是污泥中除含有农作物的营养元素外还含有一些十分有害的物质。一般不同类型的污泥中有害物质的种类和含量大不相同，来源于石油化工厂和焦化厂的污泥含有酚、氰、苯等有机毒物，这些有机毒物的性质比较活跃，会在污泥干化过程中受到土壤微生物的分解和紫外线照射而逐步分解，一般不会逐年积累，对农作物的危害主要发生在施肥初期，危害不大。以矿山、冶炼等污水为主的污泥中重金属的含量较高。在所含的重金属当中，有的是农作物所需要的微量元素，如铜、锌、铁等，可以促进农作物生长，但是数量过多也会引起危害；有些重金属元素如镉、汞等，农作物根本不需要，并且是会产生严重危害的物质。已经发现由于长期大量施用污泥，出现使农作物减产、品质下降、残毒过高，改变了土壤理化性状、土质变坏的现象，这应引起人们的重视。

为了避免污泥施肥对土壤的污染，一些国家在污泥施肥方面作了很多规定，制定了污泥的使用标准。如美国规定用做农肥的污泥中某些金属的最大含量，按每克干污泥计算，镉为10微克，汞为10微克，铜为1000微克，铅为1000微克。为此在施用前要检测污泥成分，规定施加量和施用次数，污染污泥不许用做农肥。

ok

土壤污染的预防

　　土壤污染，危害极大，它不仅会导致大气、水和生物的污染，而且土壤中的污染物会直接影响植物的生长，并且土壤污染物被植物吸收后，还会通过食物链危害人体健康。因此预防、治理土壤污染是一个亟待解决的环境问题。

　　预防土壤污染，首先要控制和消除土壤污染源和污染途径。土壤中的污染物虽然种类很多，究其来源主要来自工业的"三废"排放，农药、化肥的大量施用等，为此可采用下列几方面措施。

　　控制和消除工业废水、废气、废渣排放，这是一项十分重要而艰巨的工作。首先需要改进生产工艺，改进设备，改革原材料等，以减少或消除污染物。如在电镀工业中广泛采用无氰电镀工艺，从根本上解决了含氰废水对环境的污染问题。再如采用闭路循环用水系统，使废水多次重复使

用，可以减少工业废水的排放等。

减少工业"三废"排放污染的另一方法是对工业"三废"进行回收处理，化害为利，变废为宝。对当前必须排放的"三废"，要进行净化处理，使其实现无害化。要严格控制排放浓度、排放数量，实行污染物排放总量控制。排放工业"废水"时要严格执行《农田灌溉用水水质标准》中的有关规定。

严格控制化学农药的使用。施用农药时往往有大部分农药进入土壤中造成土壤污染，因此必须控制农药的施用量，对于残留量高、毒性大、半衰期长，在环境中会造成长期危害的农药，要尽量淘汰，暂时不能淘汰的要严格控制施用范围、次数和总用量。要大力研制开发高效、低毒、低残留、易降解的新农药。探索和推广生物防治病虫害的新途径，尽可能减少有毒化学农药的使用。

合理施用化肥，严格掌握化学肥料的施用，对于本身含有毒物质的化肥，施用范围和数量更要严加控制。对硝酸盐和磷酸盐肥料，要合理施用，对硫酸盐类化肥要选择施用，避免滥施滥用，因使用过多造成土壤污染。

加强污灌区的监测和管理。利用污水灌溉农田时，要严格掌握水质标准，控制灌溉次数和面积，同时结合土壤环境容量，制定允许灌溉年限或植物品种。加强对污灌区土壤和农产品的监测工作，防止盲目滥用污水灌溉而导致土壤污染。

土壤污染的治理

　　土壤一旦被污染，其影响在短时期内就很难消除，所以治理土壤污染不是一件轻而易举的事情，往往需要长期的努力，并采取综合治理措施才能奏效。治理措施主要有：生物防治、增施有机肥料、施加抑制剂、改革耕作制度等。

　　生物防治。土壤污染物质可通过生物降解或植物吸收而净化。发现、分离、培育新的微生物品种，以增强生物降解作用，这对于提高土壤净化能力很重要。例如，美国分离出能降解三氯丙酸或三氯丁酸的小球状反硝化菌种；日本研究了土壤中红酵母和蛇皮藓菌，能降解剧毒性的聚氯联苯。另外，某些鼠类和蚯蚓对一些农药有降解作用。羊齿类蕨属植物，有较强的吸收土壤中重金属的能力，对土壤中镉的吸收率达10%，连种多年，可大大降低土壤中镉含量。

增施有机肥料。对于被农药和重金属轻度污染的土壤，增施有机肥可达到较好的效果。因为有机肥可提高土壤的胶体作用，增强土壤对农药和重金属的吸附能力；有机质又是还原剂，可使部分离子还原沉淀，成为不可给态；有机质还能促进增强土壤团粒结构和增加养分，及保水和透气性能，有利于微生物繁殖和去毒作用，提高土壤对污染物的净化能力。尤其对于含有机质少的砂性土壤，采用此法更为有效。

施加抑制剂。轻度污染的土壤，施加某些抑制剂，可改变污染物质在土壤中的迁移转化方向，促进某些有毒物质的移动、淋洗或转化为难溶物质而减少作物吸收。常用的抑制剂有石灰、碱性磷酸盐等。

施用石灰，可提高土壤的pH值，致使汞、镉、铜、锌等形成氢氧化物沉淀；还可降低作物对放射性物质的吸收，可降低吸收率的70%～80%。磷酸汞的溶解度比碳酸汞和氢氧化汞更小。磷酸镉的溶解度也很小。因而施加磷酸盐对消除和减轻汞和镉的危害程度具有重要意义。

改革耕作制度。改变耕作制度，从而改变土壤环境条件，可消除某些污染物的危害。如被滴滴涕污染的土壤，若旱田改为水田，可大大加速滴滴涕的降解，仅一年左右土壤中残留的滴滴涕即可基本消失。另外，植物对农药的吸收也是有选择性的。因此，采用稻麦或稻棉水旱轮作，是减轻和消除农药污染的有效措施。

此外，对于严重污染的土壤，在面积不大的情况下，可采取客土换土法，这是彻底消除土壤污染的有效手段。对换出的污染土必须妥善处理，防止二次污染。另外，还可将污染土壤深翻到下层，埋藏深度应按不同生物根系发育情况而定，以不污染作物为宜。

治理荒漠化土地

荒漠化造成的极其严重的后果及其不断扩张的趋势，引起了国际社会的极大关注，在1992年联合国环境与发展大会上，把防治沙漠化列为国际上优先采取行动的领域。1999年11月13日，150多个国家和地区又一次聚集巴西，评估联合国1992年发起的防止土地荒漠化的努力取得的成果，并讨论如何为这一努力筹集资金。已有159个国家和地区在联合国防止荒漠化公约上签字。

荒漠化治理是一项十分迫切而又十分艰巨的任务，是关系到人类自身生存环境的转变和全球经济社会发展的千秋大业。防治荒漠化实质上就是如何使已经荒漠化的土地恢复生产力，改良退化了的土地，扭转荒漠化土地的退化进程，预防荒漠化危害的蔓延。

国际上对荒漠化的研究和开发主要是从景观生态系统入手，研究系统中各组成单元的相互关系；着重于环境的保护、植被的重建以及合理利用荒漠地区的资源，实现生态、经济、环境和人口的持续发展。其中植被的重建，如营林育草等，对于防风固沙起着十分重要的作用。

利用高新技术来防治荒漠化是目前国际社会发展的主流，如生物技术和保水剂。用生物技术改造荒漠主要包括：第一，加强稀有沙生植物的繁衍和生态研究，培育改造沙漠的先锋植物。如英国专家研究发现，一些沙生植物在干旱条件下体内水分丧失99%，但仍保持细胞不受损伤，表现出较强的耐旱能力。第二，用微生物改变沙漠性质，变沙子为土壤。利用微生物一方面可发挥某些特殊微生物如硅酸盐细菌的作用，以改造沙漠性质，另一方面，干燥失水状况下具有复活能力的隐生生物如某些微生物的充分利用，可扩大生物量和保水剂成分功能，有利于改土和保水。第三，利用基因工程技术培育抗旱性植物用于荒漠改造。还可发展高吸水性生物聚合物用于改造沙漠等。总的来说，发展生物技术，对于改造沙漠与荒漠以及维持地球的生态平衡具有积极作用。

保水剂是20世纪60年代日本、美国等科学家研制出来的一种新材料，这种材料能吸收相当于自身含量数百倍的水分，并且吸水速度快，有很强的保水能力，吸水后即使用力挤压，水也不会析出。但将它们放在沙漠中，水分却能慢慢蒸发出来。如果将保水剂混合在沙土中，可保持水分不被蒸发和渗漏，较好地被植物所吸收，植物就能茁壮成长。1990年日本科学家用保水剂进行改造沙漠的试验。试验表明，使用0.3%保水剂的作物生长良好，而不用保水剂的长势则很差。美国在西部干旱地区推广应用于粮食作物，也取得了良好效果。所以使用保水剂既可以治理沙漠，防止农田荒漠化，又能节约大量灌溉用水，是一种防止荒漠化的重要材料。

保护野生动植物好处多

　　近年以来，世界各地建立了许多自然保护区、野生动物保护区、植物园、生物圈保护区等来保护野生动植物。在公园和形形色色的保护区里，人们为珍稀动植物提供了非常优越的生存条件。对此许多人也许很觉奇怪，这是为什么呢？

　　我们都知道，地球上丰富的生物基因是大自然赋予人类的宝贵财富。人类迄今只利用了大自然基因库的很小一部分，却已从中获得巨大效益。野生动植物是其中一个非常丰富的基因库，没有这个丰富的基因库，可以说人类将无法生存。

　　在我们所食用的农作物中，如小麦、玉米、水稻、大豆等，都是经过人类千百年的驯化、筛选、培育的成果，他们比野生近亲植物的产量要高得多。但是应该注意，任何一种优质高产作物经过几年甚至几十年的自我繁殖后，其丰产性、抗病性会自行下降。这种情况该怎么处理呢？只能在调整遗传结构上做些工作，需要不断地通过杂交从其野生近亲吸收新的基因，摒弃较差的基因性状，保持或提高优良性状。

怎样调整它们的性状基因呢？从美国和加拿大的情况可以得到答案。美国和加拿大是世界上两个主要的农业出口国，粮食产量非常高。秘诀在那里？秘诀就在于经常利用野生动物的种质来改良作物品种。这两个国家的绝大部分粮食作物都是从国外引进的，由于在当地缺乏野生近亲植株，遗传学家不得不经常到墨西哥原始森林去寻找所需要的基因源。

在墨西哥热带森林里，科学家们发现了一种多年生的野生小麦，并对它发生了极大的兴趣。科学家们认为，如果能将这种野生小麦的基因与现有的驯化小麦基因适当地结合起来，有可能培育成一种多年生的高产小麦新品种，从而改变人类千百年来传统的年复一年翻耕播种的耕作方式。

虫害是农业的大敌，半个世纪以来，人类一直在用农药来控制虫害。农药虽可杀死大部分害虫，但对环境造成了很大程度上的污染，而其幸存下来的少部分害虫的后代对这种农药产生了耐药性、抗药性，并且一代比一代强，因此一种农药往往只能用二三年。从20世纪70年代起，科学家开始在大自然中寻找和繁育害虫的天敌，希望用害虫的天敌来控制害虫。这一方法仍在探索之中，因为要在自然界里找到800多种农作物害虫的天敌，需要做大量的野生昆虫的搜集、筛选和繁育工作。然而，由于目前大量的野生物种处于灭绝之中，人类需要的那些基因有可能在被发现之前，就永久地在地球上消失了。

保护生物多样性

　　1992年6月巴西里约热内卢举行的联合国环境与发展大会上，153个国家正式签署了一个《生物多样性公约》。公约规定：本公约的目标是促进保护并持续利用生物多样性，并促使公平合理地分享利用生物资源而产生惠益。大会还确定每年的12月29日为"保护生物多样性日"。确认生物多样性的保护是全人类共同关切的事业。

　　生物多样性是地球上所有的生物——动物、植物和微生物及其所构成的综合体。它包括生态系统多样性、物种多样性和遗传多样性三个组成部分。

　　生态系统是生物与其生存环境所构成的综合体。所有物种都是各种生态系统的组成部分。生态系统类型极多，有森林、草原、江河、湖泊、农田、海洋等，所有的生态系统都具有各自的生物群落，都保持各自的生态过程，即生命所必需的化学元素的循环和各组成部分之间能量的流动。不论从一个小的生态系统或是从全球范围来看，这些生态过程对所有生物的生存进化和持续发展都是十分重要的。

物种多样性是指动物、植物、微生物丰富的种类。各种各样的物种是农、林、牧、渔等行业经营的主要对象，它们为人类提供了必要的生活物质，是人类生存发展的物质基础。

遗传多样性指的是存在于生物个体、单个物种及物种之间的基因多样性。一个物种的遗传组成决定着它的特点，决定着它对特定环境的适应性，以及它被人类可利用等特点。

生物多样性是大自然赋予人类的宝贵财富，必须加以保护。各种物种，无论是动物、植物，还是微生物，都在维持生态平衡中起着重要作用。它们为人类提供食物，提供新鲜的空气，调节气候，控制疾病的流行等，其作用难以被其他物种所代替。

每种生物都有其特有的遗传性，使其能适应一定的环境条件。这种遗传性对人类至关重要。例如许多农作物及水果蔬菜等都是人类对生物千百年筛选、培育的成果。而杂交种可以从其野生近亲中吸取新的基因，以保持和提高它们的优良性能。

各种各样的野生物种还为人类提供了大量的药材及工业原料。如止痛药吗啡、可卡因，治痢疾的药奎宁分别来自罂粟植物、可可树、金鸡纳树等，再如大戟属不仅是提炼橡胶的原料，而且还可用来生产人造石油等。

野生物种还对现代科技的发展做出了特殊的贡献。许多发明创造的灵感就来自于生物。科学家们从鸟兽、昆虫等的活动中，悟出许多有益于人类的东西，并仿造出相应的产品，服务于人类生活。

ok

生物能量金字塔

　　当我们投身大自然的时候，常常会看到鸟儿在空中飞，牛羊在地上跑，鱼儿在水里游。这些生物的活动，它们的能量是从哪里来的呢？科学告诉我们，这些能量来自于太阳，是光芒四射的太阳，时刻不停地向地面辐射着巨大的能量。据分析，进入大气层的太阳能只有1％左右被绿色植物所利用。绿色植物通过光合作用把太阳能转变成有机分子中的化学能。当食草动物吃植物时，这种能量就转移到食草动物身体中，当食肉动物吃食草动物时，又转移到食肉动物的身体中。最后由腐生生物动植物残体分解，归还到环境中。

　　不过，太阳能沿着食物链、食物网在生态系统中流动的过程中，能量在生物之间的转移并非是百分之百的。比如绿色植物所获得的能量不可能全部被草食动物利用，因为绿色植物的根系、茎秆、果壳及枯枝落叶等部分组织，往往不能被草食动物所采食，即使已被草食动物采食的部分还有不能被消化而作为粪便排出体外的。由于上述原因，草食动物所利用的能量，一般仅为绿色植物所含总量的1/10左右。同样道理，肉食动物所利用的能量，一般为草食动物总能量的1/10左右。可见，能量在生态系统中的流动是越来越少，所能供养的动物数量也应该越来越少。一般说来，能量沿着绿色植物→草食动物→一级肉食动物→二级肉食动物逐级流动，下一级生物所获得的能量大体等于上一级生物所含能量的1/10，即能量的利用率仅为1/10，其余9/10的能量就损失掉了。关于这种数量关系，人们称为"十分之一定律"。这个定律是由美国耶鲁大学的生态学家林德曼于1942年创立的，因此也叫林德曼效率。通俗地说，一个人若靠吃水产品增加1千克体重的话，按林德曼效率，就得吃10千克鱼，10千克鱼要以100千克浮游动物为食；100千克浮游动物要消耗1000千克浮游植物才行。

十分有趣的是，如果把食物链和食物网中各级生物的生物量、能量和个体数量按营养级顺序排列起来，绘制成图，竟与埃及金字塔的形状非常相似。为此人们又把"十分之一定律"称做"能量金字塔定律"。

能量金字塔定律告诫人们，能量在生态系统流动中存在着严格的数量关系，因此生态系统营养级的有机体之间，必须保持一定的数量关系才能保持生态平衡。

人类既吃植物又吃动物，而且吃起来非常讲究，挑挑拣拣，显然居于能量金字塔的最顶端，按理个体数量不宜很大。然而世界人口还在快速增长，继续下去，将会使其他动植物无法供养，那么将无法在地球上生存了。另外，人类几乎能从每一个营养级中摄取食物，如果食物链受污染，都会危及人类生存，因此必须防止环境污染。

ok

保护生物物种

生物物种的减少或灭绝，会使生物多样性遭到破坏，从而影响优良品种的培育，对农牧业造成严重危害。

人类对农作物和家畜进行选种的历史非常久远，早在石器时代，人们就从已生存了千万年的野生动植物中，培育、驯化农作物和家畜。从那时起，人们就从不同的作物品种中，集中所需要的遗传特性，培育出优良品种，并使之不断改良。

在现代农业和畜牧业的发展中优良品种的培育仍是至关重要的，而优良品种的培育要求必须有合适的基因资源。野生品种的遗传基因对农作物和家畜的改良仍会发生作用，这是因为人工栽培或饲养的动植物，由于其遗传基础较窄，大都需要自然界基因库的野生祖型及其近亲的遗传物质来供作新品种培育的基础。人们通过对动植物的分布范围和特性进行调查，对各种来源的遗传物质进行评价，按自己的需要选育出新品种。但如果相关的野生品种一旦大量消失，人类选育新品种的努力就难以实现了。

玉米、小麦、大豆等粮食作物，还有许多瓜果蔬菜等，都是从野生物种逐渐演化而来的，但是经过多年的栽种后，物种便会产生退化，抵抗病虫害的能力降低，造成产量下降，质量变差。人类为了改良品种，就得从野生物种中寻找与其相似的物种，将其特有的基因植入到现在人类种植的作物上去。这样不仅可以改变作物抵抗自然灾害的能力，而且能大大提高作物的产量和质量。

任何优良品种的特性都不可能永远保持。如欧洲和北美的小麦及其他谷物品种的平均寿命只有5～15年，这是因为病虫害的演变会使作物的抗性失去作用，土壤、气候的变化会使原来的品种不能适应，只有不断培育新品种，才能适应环境的变化，而使物种绵延不绝。如巴西所有的咖啡树，都是一棵咖啡树的遗传后代，其抗病虫害和适应环境变化的能力极差，一旦发生灾害，还得求助于野生种。19世纪60年代，由于一种葡萄根部的寄生昆虫从北美传到欧洲，使欧洲几乎所有的葡萄园受害，许多种植主面临家破人亡的绝境，后来发现美洲本地的一种野葡萄对这种害虫有抗性，立即把欧洲葡萄嫁接到美洲野葡萄的砧木上，用这种方法挽救了欧洲的葡萄种植业。中国的水稻专家袁隆平等人培育的高产优质杂交水稻，也是通过栽培水稻和野生稻杂交出来的。

农作物的原始种群及其野生的亲缘种是培育抗病力强、能适应不同环境、产量高的新品种的唯一来源，其重要性可以说是价值连城的。如矮化小麦和水稻品种的出现，使世界上许多地区的稻麦大量增产。但令人痛心的是，世界上许多野生的和栽培作物的品种和变种已经灭绝，有的正在灭绝。这对农业的危害将是十分巨大的。

给野生生物保留一点空间

　　人总得有个家，生物也是如此，它们也要有自己生长、繁殖、藏身的地方，这就是它们的栖息地。古人说得好："川渊者，龙鱼之居也；山林者，鸟兽之居也。""川渊深而鱼鳖归之，山林茂而禽兽归之"，意思是说，河湖水泽，是鱼鳖居住之所，水深到一定程度，鱼鳖才会来，山林是鸟兽的居所，山林茂盛，鸟兽才会去栖息。这说明任何生物都得有相应的栖息地，才能够生存。如果栖息地的条件恶化，生物就会无家可归，甚至走上灭绝之路。但是，生活在地球上的某些人，似乎忘记了这些基本的常识，对森林进行大面积的采伐、垦殖，对草原、湖泊、海洋实行开垦和围垦，并不科学地修筑水道、堵塞水道，任意排放有毒废物等，使无数野生生物处境恶化，无家可归，逐渐走上灭绝的道路。

　　森林是野生生物的大本营，由于森林面积日益缩小，不仅使植物大量减少，而且使许多林栖动物无处藏身，面临绝境。曾经广泛分布的灵长类，现已成为珍稀动物。栖息于中国海南岛的长臂猿，是一类保护动物，20世纪50年代海南岛约有2000多只。长臂猿臂比腿长，绝大部分时间生活在树上，离开了森林，它几乎寸步难行。几十年来，由于毁林开荒，海南岛森林面积不断减少，使长臂猿活动范围越来越小，加上一些人的滥捕乱猎，现在幸存的已寥寥无几了。

草原的不断开垦，也使许多野生动植物陷入灭顶之灾。曾经生活在中国新疆北部荒漠草原上的大群高鼻羚羊，随着大面积草原辟为农田，它的种群数量迅速减少，到20世纪70年代中期已不见踪迹。此外湿地和水生环境也是许多物种生存的主要环境，而这类环境的减少和破坏也给许多生物生存带来威胁。亚洲湿地的60％和美国湿地的56％均已被破坏。

据统计，世界上现有两栖类动物2800余种，爬行类5700余种，鱼类3万种，鸟类8590种，兽类4237种，基本灭绝和将要灭绝的共有1000余种。其中有67％是因为栖息地丧失或污染而濒危的。世界上高等植物物种约25万种，已灭绝或濒危的达2.5万种，其中70％～90％是因热带雨林环境的破坏而造成的。在一些热带雨林地区，一些稀有植物和独有植物的整个群落正在走向毁灭。植物群落的毁灭，又会引起一系列连锁反应，使依赖于这些植物群落生活的动物食无所觅，住无所栖，随之走向绝境，进而给人类的生存和发展带来巨大影响。

物种一旦灭绝就意味着永远消失，再也无法挽回，如不采取有力措施，将会造成巨大的无可挽回的损失，而保护野生物种的首要条件是保护它的栖息地。为此，人们应当觉悟，不要再去做自毁家园的蠢事，给野生动植物留下一点生息之地吧！

医药界呼唤物种保护

各种各样的野生物种为人类提供了大量的药材，因此，大量物种的绝灭，大大减少了人类所必需的一些重要药物的来源，对医药事业是一个沉重的打击。所以医药界面对日益加快的物种绝灭状况，一再呼吁要加强物种保护。

丰富多彩、千姿百态的生物资源，是许多药物的来源。在很久以前，人类就开始利用野生动植物和真菌做药，而且一直沿用到医药事业高度发达的今天。中国古代著名医药学家李时珍的药物学巨著《本草纲目》中，记载了许多野生动植物的药用价值，仅其中收载的动物药就有400余种，植物药达5000多种，其中1700多种为常用药物。世界卫生组织统计表明：发展中国家80％的人靠未经过深加工的药用生物进行医疗。西药也离不开野生动植物。据统计，美国每年的处方中，至少有40％含有来源于野生生物的药物，其中高等植物占 25％。美国每年来自植物的药物价值达 40 亿美元之多。

在医学研究中，常需要大量的实验动物，而珍贵的灵长类资源在这方面显得特别重要，如预防小儿麻痹需要用猕猴的肾脏来培养减毒疫苗。美洲的有肺鱼是一种不讨人喜欢的动物，可是近来发现它在医学研究上有重要价值，这种生活在河湖中的鱼能在河湖干涸时钻入淤泥中休眠两年之久。人们期望着从它的血液中找到一种控制休眠的分泌物质，在外科心脏手术时，用有肺鱼血的这种休眠物质使病人新陈代谢减弱，可使医生赢得更多的手术时间。

随着医学的发展，许多原来不引人注意，甚至不知名的物种被发现可以入药，如热带雨林中的美登木、粗榧、嘉兰等可提取抗癌药物。近年医学发现能成功治疗乳腺癌和卵巢癌的"太平洋紫杉醇"，就是取材于美国太平洋沿岸的原始紫杉的树皮。现在人们又对相当多的陆生动物药用价值进行了研究。比如水蛭素是珍贵的抗凝血剂，蜂毒是治疗关节炎的良药，某些蛇毒能控制高血压，猴肾脏中可以提取一种防止小儿脊髓灰质炎的疫苗。据统计，如果不给小孩提供这种疫苗，将有 6％的孩子死于这种疾病。

然而，另人忧虑的是，由于物种的减少，可能使人类永远地失掉一些有效的药物来源。中国的高鼻羚羊、犀牛、豚鹿等基本灭绝，东北虎、梅花鹿等处于濒危状态，使得中药中的鹿茸、羚羊角、犀牛角、虎骨等药材十分紧张，有的甚至已很难找到。西药中防治痢疾的奎宁来自热带金鸡纳树，治疗心脏病的利血平来自亚洲热带的萝夫木，由于世界各地的森林，尤其是热带雨林的破坏，使这些生长在森林中的药用植物也跟着遭了殃。难怪医药界对物种灭绝表现出忧心忡忡了。

ok

鸟是人类的朋友

　　鸟类是大自然不可缺少的组成部分，是一种十分宝贵的生物资源。它们不仅将大自然点缀得分外美丽，使自然界更有生机，给人们的生活增添无限的情趣，而且还能产生生态效益和经济效益，在保护农田和森林、维持自然生态平衡中起突出的作用。

　　地球上有各种各样的鸟儿在空中飞翔，其中大多数是捕食害虫的能手，是人类的朋友。如楼燕、家燕、杜鹃、啄木鸟、椋鸟、山雀、黄鹂、卷尾、戴胜、伯劳等，都以虫为食，它们一天吃掉的昆虫，有的竟与自己的体重相当。一对燕子每年育雏两次，一个夏天可吃掉50万～100万只苍蝇、蚊子和蚜虫等。这些昆虫首尾排列起来，足有1千米长。黑卷尾鸟，一天能消灭600多只害虫。在育雏鸟期间，它一天往返五六百次，要啣回3000多只害虫，有13.3万平方米庄稼地或千亩林地，只要有两三对黑卷尾鸟就能将害虫抑制住。就连人类认为不吉利的猫头鹰，一个夏天可捕食1000只田鼠，这等于从鼠口夺回1000千克的粮食。

一只麻雀一天吞食的害虫几乎等于它自身的重量，美国波士顿城感谢麻雀为他们消灭了虫灾，专门修建了一座麻雀纪念碑。类似的益鸟捕杀害虫保护庄稼的事情也出现在美国盐城。据说，有一天蝗虫铺天盖地降临盐城，无情地吞噬着地里的庄稼、树叶、青草，人们不甘心辛勤培育的庄稼毁于一旦，纷纷晃动农具、挥舞树枝，竭尽全力地驱赶蝗虫，可是无济于事。这时，栖息在盐湖上的海鸥成群结队飞过来，它们是发现蝗虫后跟踪追击而来的。不久，海鸥风卷残云般地将蝗虫消灭得一干二净。盐湖城人民感激海鸥，立下任何人不得伤害海鸥的禁令，并在城里建造一座巍峨的海鸥纪念碑。

松毛虫混身长满毒毛，是森林的大敌，在它们猖獗时，可在很短的时间内将成片松林的针叶啃吃一光。但是，只要有一定数量的杜鹃、大山雀、画眉等益鸟，就可有效地控制松毛虫。 尤其是杜鹃，把松毛虫视为美味佳肴，一只杜鹃平均每天要吃100多条松毛虫。

啄木鸟，人称树木的"外科医生"，它专吃树干中的小蠹虫、天牛、木蠹蛾幼虫以及其他破坏木质部的害虫，一只黑啄木鸟，每天吃掉1900多只蠹虫的幼虫。据调查，66.7万平方米的森林内，有两对啄木鸟就可控制蛀干虫的发生。

鸟类不仅是"田园卫士"，它还是人类环境的"清洁工"或"卫生员"。鸢、大鵟等以动物腐肉、秽物为食，在保持环境卫生上起着良好作用。乌鸦和喜鹊都喜欢在污水坑或垃圾堆上活动，原来它们是在消灭疟蚊、虻和苍蝇。

爱护鸟类人人有责

　　鸟类是人类天然的朋友。鸟类的辛勤劳动保护了庄稼，保护了森林，保护了环境，它们的作用是不可替代的。绝大多数鸟类是捕食害虫、害鼠的能手。大自然里如果缺少鸟类，害虫、害鼠等就会泛滥成灾，给人类、环境带来灾难，其后果不堪设想。因此，自然界不能没有鸟类，爱鸟护鸟人人有责。

　　可是，我们只要稍稍留心一下就会发现，以前在我们身边的鸟类，现在不知不觉地越来越少，甚至有些消失了。目前，在全球范围内，鸟儿正在不断减少，这已成为全世界环境保护中的一个重大问题。

　　鸟类曾经有过十分兴盛的年代。在距今 7000 万～6000 万年的新生代，地球上生存有大约 160 万种鸟类。后来，由于地壳变化和冰川活动，大部分鸟类已经灭绝。到了近代，人类活动更是大大加速了鸟类绝灭的速度。据研究，在人类诞生以前的几千万年里，平均每300年才有一种鸟绝灭；人类诞生以后的近100万年来，一种鸟的绝灭时间只有50年，而在最近300年间，每2年就有一种鸟消失。据统计，从16世纪以来，已有139种鸟永久地从地球上消失了。19世纪初叶，美洲旅鸽曾一度是地球上数量最多的一种鸟；其数量多达50亿只，可是由于19世纪40年代开始的大规模捕杀旅鸽的商业活动，使之遭受灭顶之灾，仅仅几十年时间，这种具有很高经济价值的鸟类就再也见不到了。1900年3月，野生旅鸽已绝迹；1914年9月1日，最后一只人工饲养的旅鸽也死于美国辛辛那提动物园。曾经广泛栖息于北太平洋各岛屿上的大海雀，在人们持续狩猎达300年后，也终于在1844年绝灭，留给人们的只有70只大海雀标本。

那么，是什么原因使鸟类在不断减少呢？

世界上总有一些人喜欢打鸟捕鸟。有些人是为了好玩儿，却不知道自己是在犯罪。当然更多的人是为了牟取暴利。据报道，美国每年通过非法手续进口的鸟类，价值超过35万美元之上。一只灰鹦鹉的卖价近1000美元，这正是那些偷猎者和贩卖者冒险犯罪的吸引力所在。

环境的污染使鸟类难以生存。且不说城市污浊的空气、喧嚣的噪音使鸟儿无法忍受，就是在一些乡村，环境的污染也给鸟类生存带来威胁。

森林、沼泽、滩涂等鸟类栖息地的破坏，使许多鸟儿无家可归，是鸟类减少的最主要的原因。

现在，全世界大约有鸟类8600种。由于鸟类栖息地的破坏、人类的捕杀和环境污染，使许多鸟类数量减少，约有312种鸟的数量已少于2000只。有些鸟类数量已很少。

鸟儿是保护人类环境的功臣，也是人类亲密的朋友。让我们都来爱鸟护鸟，让更多的鸟儿在蓝天白云中自由飞翔。

制定砍伐和垦牧政策

086

　　1934年5月11日清晨，美国西部刮起一阵阵遮天蔽日的黑风暴。大风起处，昏天黑地，人们都被天空出现的景象惊呆了。只见狂风卷着浓密的尘土，铺天盖地而来，尘土厚度能使天空数小时陷入黑暗，纽约市白天都得点灯。人们无不为之惊恐万状，以为"世界末日"降临了。这场史无前例的黑风暴从西向东足足刮了三天三夜，形成一个东西长2400千米，南北宽1440千米的黑风暴带，肆虐的足迹遍及美国2/3的国土，造成了前所未有的大灾难。黑风暴经过的地方，大地干枯，庄稼枯萎，原来生机勃勃的大地一下变得死气沉沉，致使上千万亩农田受害，粮食减产50多亿千克。更为严重的是，这场风暴将足以装满100万辆列车的3亿多吨地表沃土刮进大海，使大片大片的农田毁于一旦。

　　那么，为什么有的地方会刮起可怕的黑风暴呢？原来黑风暴是人类自己制造出来，是由于人类的滥垦滥牧、砍伐森林、破坏草原，使植被遭到严重破坏，表土裸露造成的恶果，是大自然对人类的惩罚。

美国的黑风暴的形成原因是他们盲目开发西部草原造成的。早在19世纪80年代，美国就开始了对西部的半干旱草地的大开发，尤其是在20世纪初，由于小麦在国际市场上价格飞涨，诱使一些农场主为了追求高额利润，把大片草原开垦为麦田。由于种植小麦，把原先的草皮植被破坏了，广阔的土地失去了保水能力，在20世纪30年代初，这里多次发生干旱，几万平方千米的农田荒芜了，大片大片的土地赤裸出自己的胸膛。赤裸的大地失去了植被的保护，在太阳的烘烤下，水分很快蒸发，变成干燥的粉末。因为没有植物反射热量，太阳一照，大地被晒得火热，地面的空气温度迅速升高，热空气密度变轻，不断向上流动。而周围地区的冷空气迅速地赶来补充。冷热空气形成了强烈的对流，形成了巨大的暴风。风暴又刮起了地面干燥的表土，由于土质是黑色的，风暴夹卷着黑土就形成了破坏力极大的黑风暴。

诸如美国黑风暴的情况，世界各地都曾发生过。如苏联在1954～1963年开展的垦荒运动，使中亚草原和大面积森林受到严重破坏，结果造成多次黑风暴泛滥成灾。1960年3月和4月两次黑风暴，席卷了俄罗斯大平原南部的广大地区，被吹到空中的沙土达10亿吨。1969年1月的黑风暴，更是刮得天昏地暗，一连数日不停，使8000多平方千米的麦苗被吹得满天飞扬，暴风卷起棕黑色的土壤层，形成了黑色的雾浪，长达几百千米，造成的损失相当惨重。

由此可见，黑风暴对农田危害极大，因此人类必须合理利用自然资源，不可盲目开垦草原、砍伐森林，以防止黑风暴的发生。

森林——绿色宝库

地球上郁郁葱葱的森林，是自然界巨大的绿色宝库。

远在人类诞生以前几亿年，森林就已在地球上发育了，虽然地球曾几经沧桑，但森林始终生机盎然，成为陆地生态的强大支柱。人类的祖先就是从森林里发展起来的。如今森林依然为人类无私地服务着。

森林每年为人类提供数亿吨木材。这些木材在生产和生活中，不仅是建筑材料、工业原料，也是能源。据美国在非洲加纳所做的试验，一片400平方千米的速生林，一年可生产相当于50万吨煤的能量。经过加工，可生产5万吨甲醇、15万吨氮肥，1.5万吨木炭，8万千瓦·时的电力，日本还试验成功用桉树油制作汽车燃料油。

森林是一个庞大的基因库，是野生动植物的乐园。森林中植物、动物、微生物种类繁多，物种极为丰富。据估计，地球上有1000万～3000

万个物种,而生存在森林中的物种就有400万～800万个。很多珍贵的药材、食用菌,很多山珍,很多鸟兽,都以森林为大本营。

从生态与环境角度来看,森林是地球之肺,是生态平衡的支柱。森林通过光合作用,维持了空气中二氧化碳和氧气的平衡。除此之外,森林还有许多其他功能。

森林能够保水固土,防止水土流失。据测定,每667平方米林地比非林地能多蓄水20立方米。333平方千米森林所含蓄的水量相当于一座容量为1000万立方米的大型水库。森林还能有效地调节水分。在雨季森林蓄积水分使洪水减弱减缓;在无雨的干旱季节,森林又通过枝叶大量蒸腾水分,以减弱旱象。

森林能调节气候,防风固沙。森林里,巨大的树冠和树身阻挡了大风,使风速降低,风力变小。森林蒸发水分则可使林区空气湿润,起到调节气候的作用。

森林能净化空气、净化水源,是消除污染、净化环境的能手。林木能吸收空气中的有毒物质,阻留大量灰尘,从而减轻空气污染。每平方千米树林在生长季节每月可吸收二氧化硫5400千克,每平方千米森林一年能吸收3600吨烟尘。这在环境污染日益严重的今天,其重要性十分巨大。

森林还有重要的美化环境、构成美丽景观的作用。许多著名的风景区是以森林为主体。如中国的黄山、九寨沟、张家界、长白山等。它们色彩多变的季节景色、郁郁葱葱的无限生机,使有幸涉足者陶醉、留连忘返,得到美的享受。

假如没有森林,人类的生存环境将会大大恶化,沙漠将会不断扩大,洪水将泛滥成灾,许多生物物种将会灭绝,其后果将危及人类生存。因此,只有保护好森林,我们的地球家园才会变得更加美好。

森林是蓄水库

森林能涵养水源，保持水土，被人们誉为"绿色水库"。

当人们进入大森林时，总会感觉空气湿润，林地上松软而潮湿，这是因为林区降雨多的原因。主要是森林可以阻挡气流，促使气流的升高和涡动，促进水气凝结而降雨。

在森林中，当滂沱大雨降落时，首先遇到的就是密密层层的树冠，参差的树冠及其茂密的枝叶对降水起到截拦、阻滞作用。一般说来，树冠大约可以截留雨量的25%，这些降水，经过蒸发，又送回到空中。穿过树冠的雨水降落地面，又有15%被软如海绵的枯枝落叶层所吸收，35%的雨水渗入地下，成为地下水。只有25%成为地表泾流流走。森林地区的地下水流动很慢，一年才走2千米路程，因而能有效地保持水土。

森林的蓄水能力很大，据测定，每平方千米林地比无林地能多蓄水

3万立方米，造1000平方千米林就相当于建一座3000万立方米库容的大型水库。

森林的蓄水功能对于暴雨季节防止山洪暴发十分重要。在光秃秃的山区，每当暴雨降落，雨水因无阻拦而来不及渗透进土壤，就顺着地表泛流而去，无数泾流汇成洪水，浊浪滚滚，泥沙俱下，往往造成洪水泛滥之灾。而在有森林的地方，由于森林的作用，则会使山洪减弱、减缓，避免洪灾发生。如在1975年8月，中国河南中部连降特大暴雨，在暴雨所及范围，板桥、石漫滩两大水库大坝崩决，造成严重危害。而处于同一地区的东风水库，却安全度过洪峰。究其原因，主要是因为板桥、石漫滩水库上游森林覆盖率低，只有20%左右，往年已因水土流失，泥沙淤积，减少了库容，这次暴雨倾泻时，又缺乏截流雨水的林木，当洪流奔腾而下，泄洪不及，造成洪灾。而东风水库的上游及库区周围，森林覆盖率达90%以上，林木阻截下泻的降水，减少了径流量，因而安然无恙。

在无雨的干旱季节，森林又能通过巨大的蒸腾作用，将其蕴蓄的水分蒸发到空气中去，增加空气的湿度，凝云致雨，增加林区及附近的降雨量，从而减弱旱情。

在河流水源地区保持良好的森林植被，能够调节径流，改善水的供应，促使林区地带云多、雾多、雨多。由此可见，“山上多种树，等于修水库，雨多它能吞，雨少它能吐”的说法，是很有科学道理的。

树木是抽水机。因为树木的庞大根系，在地下搜索着每一滴水，通过树干不断输送到树叶，然后再由叶面上的气孔排到空气中。667平方米松树的叶表面，在一个夏季就可以向空气中排出142吨水，可使200～300米的周围气温下降2℃～4℃，使空气的湿度增加15%～20%。因此，人们在树木附近会感到舒适。

植物是天然的 "空调器"

　　赤日炎炎的盛夏，人们都喜欢在树荫下乘凉，更喜欢到郊外的森林里去避暑。尽管骄阳似火，可是一旦步入森林，顿时会觉得清凉的空气沁入心田，给人以无比的舒适之感，比进入装有空调的房间要舒服多了。这是因为森林里的绿色植物对气候具有调节作用，可使地温、气温、空气的湿度保持在宜人的程度，因此，人们亲切地称植物是天然的 "空调器"。植物起空调作用的原因很多，但主要有以下四个方面：

　　屏蔽作用。植物茂密的枝叶可挡住阳光，减少阳光对地面的照射，又可将部分阳光反射向天空，而且还能将大部分阳光吸收，用来合成机体的各种有机物质。在植物繁茂的森林里，无数的植物如同无数把大大小小、高低参差的蔽荫伞群，使炽热阳光不能到达地面，甚至成为不透光的蔽荫凉棚，因此森林覆盖的地面气温不会因阳光辐射而升高很多，即使在林外气温达到全日最高值时，森林内却仍近于日最低温度。

蒸腾、吸热、降温作用。植物群的枝叶每天都要吸收、蒸发大量的水分，从而调节温度。在水分变成蒸气的蒸腾过程中，就要从周围的空气中吸收大量的热量，使其周围空气的温度降低了许多。当水蒸气上升至高空，也就把热量带到高空散去，这是植物空调与家用空调器的共同原理。树林，甚至独立的大树也具有空调作用。盛夏中午，在房前屋后的树阴下，无风而自凉就是这个道理。据测定，每平方千米森林每年要蒸腾80万吨水，同时吸收16 728亿千焦的热量。树荫下的温度要比街道和建筑物低16℃左右。绿化地区的温度可比无绿化区低8℃～10℃。就是小小的草坪的温度也比广场和建筑物要低3℃～5℃，这些都是植物调节的功劳。

增加空气湿度的作用。植物储存的大量水分，在蒸腾过程中汽化进入空气中，使周围空气湿度增高，从而调节空气的湿度，防止干燥。植物的这种增湿作用在林地、绿化较好的公园等表现得十分明显。据测定，绿化地区比无绿化地区，空气和相对湿度高11%～13%。

产生微风的作用。由于植物的降温增湿作用，使其周围的冷空气密度大而产生水平压力向热空气区流动。热空气因密度小在冷空气压力下就会向天空上升，因此就产生了微风。就是在无一丝风的盛夏时节，人们在树阴下也会感到微风拂面，凉爽宜人。

植物的空调作用对于人类改善环境十分重要。一株大树、一块绿地就是一台空调器。让我们人人多栽树，多栽种花草，共享植物空调器所提供的清凉优美的环境。

森林是天然的"净化器"

林木不仅能美化人们的生活环境，而且能吸收毒物，净化大气，是天然的"净化器"。

树木可吸收二氧化硫、氟化氢、二氧化氮及氨等多种有毒物质。虽然各种树木吸收毒物的能力不同，但绝大多数都具有这种净化作用。

所有的树木都可以吸收一定量的二氧化硫，被吸收的硫在树木体内不断转化为亚硫酸及亚硫酸盐，使树体内含硫量逐渐增高，最高时可达到正常含量的5～10倍。

树木为什么能吸收二氧化硫呢？原来硫是树木体中氨基酸、蛋白质的组成成分，也是树木所需要的营养元素之一。只要大气中二氧化硫的浓度在一定限度内，也就是树木吸收二氧化硫的速度不超过将亚硫酸盐转化为硫酸盐的速度，树木就能不断地吸收大气中的二氧化硫。1平方千米的柳杉，每年可吸收 72 000 千克的二氧化硫。

不同树种，吸收二氧化硫的能力不同。一般认为阔叶树要比针叶树吸收二氧化硫的能力强。 在一般条件下，松树林每天可从 1 立方米空气中吸收 20 毫克二氧化硫。油松每平方米叶面积，每小时吸收 28 毫克二氧化硫。每平方千米垂柳林在生长季节，每月可吸收 1000 千克二氧化硫。

各种树木对空气中的氟化氢都有一定的吸收能力。大气中氟化氢含量较高。有些树木抗氟化氢污染的能力很强。据测定：每平方千米银桦树能吸收 11 800 千克氟，滇杨吸收 1000 千克，蓝桉吸收 590 千克，垂柳吸收 390 千克。实验表明，氟化氢气体，通过 40 米宽的林地，平均浓度降低 47.9%，林地越宽效果越好。因此，在有氟化氢排放的工厂附近可栽植树林，有利于消除这一地区氟化氢的污染。

许多树木对二氧化氮气体的吸收能力较强，当二氧化氮气体和树木茎叶中的水分发生作用后，可生成亚硝酸和硝酸盐混合物，而被利用，氨气也可同样被树木吸收利用。只要空气中二氧化氮含量不超过一定的浓度范围就不致于对树木造成危害，并能不断地被树木吸收。

树木对氯化物（Cl_2）也有吸收作用。一般每平方千米刺槐林能吸收 4200 千克，银桦林可吸收 3500 千克，蓝桉吸收 3250 千克，其他树种也有吸氯能力。此外，树木还能吸收铅、汞、臭氧，以及空气中的醛、酮、醇、醚、安息香吡啶等毒气。有些树木能够吸收一定数量的锌、铜、镉等重金属气体。

一般常绿阔叶树种比落叶松类树种的抗污染性大，抗性随树种不同而有较大差异。因此要把抗性强的树种，配置在林带的迎风面，起到阻拦和分散污染气体的作用。在工厂区、污染严重的地区，应多栽置常绿阔叶树种。这对防止污染、净化空气是很有好处的。

植物是天然的"除尘器"

自然界中许多绿色植物具有十分明显的除尘作用，它们的存在使大气中粉尘的浓度大为降低，人们称之为天然的"除尘器"。

植物对粉尘有过滤和阻挡作用，可使大颗粒的粉尘就近快速沉降。由于植物分布在不同高度的地面上，以及树木、花草、农作物等高低参差不齐，枝叶茂密，能够减低风速，从而使大颗粒粉尘降落下来，不再随风向远处或高处扩散，起到部分除尘作用。

植物的茎叶表面粗糙不平且多绒毛，有些植物还能分泌油脂和浆液，对空气中的飘尘或粒径更小的微粒起到滞留和吸附作用，它们可尽情地捕捉来访的各种粉尘，而且胃口很大，据研究，1平方千米森林每年可吸尘6800吨之多。

由于植物的蒸腾作用，植物周围的空气中水分较多而比别处潮湿，因此有利于粉尘的相互结合，然后借助于重力沉降于地面，从而起到除去空气中部分粉尘微粒的作用。

植物覆盖着地面，使风不能扬起尘土，会减少空气中尘埃的含量，从而起到了预防大气粉尘污染的作用。尤其草地更加显著，因此城市加强绿地建设，是很有好处的。

植物的除尘作用可通过自然力得到再生。落满灰尘的植物茎叶随风摆动，由于茎叶的水汽和浆液作用而黏结在一起的粉尘可随风借重力沉降于地面。茎叶上的灰尘也可由雨水淋洗而落到地面上，从而使植物又恢了滞尘能力，这样可持续不断地净化空气。

森林是植物的大本营，其除尘能力很强，当带有粉尘的气流通过森林或林带时，由于浓密的树冠和茂密的枝叶减低了风速，使空气中的大部分灰尘纷纷落下，空气中的含尘量大大减少。一场雨水之后，将叶片上的灰尘淋洗到地面，树叶又恢复滞尘能力，从而可不断地对空气进行除尘。

所有的森林树木都有吸尘的作用，但是吸尘的效率因树种，种植密度，树木年龄，高低以及季节不同而异。一般说来，阔叶树比针叶树吸尘能力强。如每平方千米云杉林每年可吸尘3200吨，松树林可吸尘3600吨，山毛榉林可吸尘达6800吨。榆树是众多植物中除尘能力较强的植物之一，它树干挺拔高大，树冠宽大，据测定，它的叶片滞尘量为每平方米12.27克，名列九种抗污能力较强植物之首。

在城市里，因工厂排放和街道扬起的大量尘埃、油烟、炭粒和铅汞微粒等粉尘，它们进入人们的呼吸道，可引起气管炎、支气管炎、矽肺和结核等。城市中的树木可从空气中吸附大量的粉尘，使空气变得洁净。

应注意保护红树林

　　红树林是地球上唯一的热带海岸淹水常绿热带雨林，是一种独特的森林生态系统。红树林是红树植物群落的总称，其中以红树为主，还有红茄苳、秋茄、木果莲、角果木等，大都属于红树科植物，故统称红树林。

　　红树，并不是一种红色的树，而是一种绿油油的冬夏长青树，它与一般的植物不同，它不怕又苦又咸的海水，就生长在海滩上，能在海水经常浸泡的情况下生长。它繁殖的方式十分奇特，它的种子在树上发芽，长成幼苗。成熟后自行脱落，掉到海水里，像轮船抛锚一样插入泥沙中，几小时后就能生根，很快长成一株小红树。如果种子落下时正赶上涨潮，则被海水漂走，待到海水退潮时，便在适宜的泥沙中扎根生长。久而久之，红树依靠这种奇特方式，代代相传，逐渐形成了蔚为壮观的红树林。

　　海滩长期风浪大，盐分高、缺氧，而红树科植物对此十分适应，它们大都有发达的支柱根和众多气根，纵横交错的根系与茂密的树冠一起，筑起了一道绿色的海上长城。当海水涨潮时，红树林便成为水下森林，退潮时，盘根错节的树干立于浅滩上，形态各异，别具一格。

红树林与周围环境成了特殊的生态系统。它根多叶茂不仅为海洋生物和鸟类提供了一个理想的栖息地，树上脱落的树叶还为水中的生物提供了充足的食物。素有“海中森林”之称的红树林，是海洋生物生长、繁殖的良好场所。树上树下生机盎然，树上的鸟儿欢蹦乱叫，树下鱼虾成群，不愧为鸟儿的天堂，鱼虾蟹贝的乐园。

红树林还具有防浪护岸的作用。红树的根系控制着泥沙运动，防止波浪作用造成的水土流失，保护了沿海堤围和大片的农田农舍，改善了海岸和海滩的自然环境。

红树本身也具有较高的经济价值。它木质细密，是家具、乐器和建筑的好材料；它的叶子可做绿肥、饲料；它的果实可以食用；有些红树还是上等的药材。

然而，由于人们对红树林的重要性认识不足，把红树繁茂的海滩当做荒芜之地开垦，当地居民砍伐红树林作为烧柴，做饭取暖，使红树林遭到十分严重的破坏，造成水土大量流失，生态环境恶化。因此，保护红树林已成为人类的共识。1978年，联合国成立了“国际红树林委员会”，世界开始重视红树林的保护，世界上许多生态学家和环境学家也一再呼吁，要保护红树林，一些地区还专门建立了红树林自然保护区，使红树林重现往日的生机。

保护红树林，就是在保护我们自己的家园。我们应该充分爱护和保护红树林，人类永远是红树林的朋友。

海洋环境保护

　　随着工农业的蓬勃发展，人口的增长，特别是海上油田的开发，海运和其他各种船只的增多，以及大批港口、城市的兴起和扩建，将大量有毒有害物质倾泻入海，使优美洁净的海洋环境及海洋资源受到污染损害，已经造成许多不良的后果。为了更好地开发海洋，利用海洋，防止污染和资源损害，保护和改善海洋环境，促进良性的生态循环，保障人体健康，维护国家权益，加速海洋事业的发展，海洋环境保护已成为当务之急。

　　海洋是一个完整的水体。海洋本身对污染物有着巨大的搬运、稀释、扩散、氧化、还原和降解等净化能力。但这种能力并不是无限的，当局部海域接受的有毒有害物质超过它本身的自净能力时，就会造成该海域的污染。

　　海洋污染是一个国际性的问题。保护海洋环境，防止海洋污染是各国的共同要求。海洋污染的特点是：污染源广，有毒有害物质种类多，扩散范围大，危害深远，控制复杂，治理难度大。因此，海洋污染比起陆上的其他环境污染要严重和复杂。

目前，污染和损害海洋环境的因素主要有以下几个方面：

陆源污染物。以中国沿海地区为例，每年排放入海的工业污水和生活污水约 60 亿吨。

船舶排放的污染物。海洋里拥有大量万吨级、十万吨级，甚至百万吨级的船只，它们把大量含油污水排放入海。如 1979 年，巴西油轮在青岛油码头作业，一次跑油 380 吨。

海洋石油勘探开发的污染。如中国沿岸分布着几个大油田和十几个石油化工企业，跑、冒、滴、漏的石油数量很可观，每年有 10 多万吨石油入海。

人工倾倒废物污染。过去把海洋当做大"垃圾箱"，任意倾倒废物。直接把垃圾、矿渣 炉渣，甚至核废料倾倒入海里，有的堆放在海岸边上，下雨时被雨水冲刷入海。

不合理的海洋工程兴建和海洋开发，使一些深水港和航道淤积，局部海域生态平衡遭到破坏。

海洋环境被污染后，其危害难以在短时间内消除。因为治理海域污染比治理陆上污染所花费的时间要长，技术上要复杂，难度要大，投资也高，而且还不易收到良好效果，所以保护海洋环境，应以预防为主，防治结合。

向大海要淡水

　　浩瀚的海洋中水源丰富，在人类淡水资源十分短缺的今天，最好的办法当然是向它"借"点水来用。可惜海水又苦又涩，不能直接做人畜的饮用水，也不能用来灌溉农田。如果海水能够淡化，那该多好。在高度发展的科学技术的帮助下，海水淡化已经变为现实。

　　所谓海水淡化，就是将海水中的盐分分离以获得淡水。其方法有闪蒸法、电渗析法和反渗透法等。

　　闪蒸法是先将海水送入加热设备，加热到150℃，再送入扩容蒸发器，进行降压蒸发处理，使海水变成蒸汽，然后再送入冷凝器冷凝成水，并在水中加入一些对人体有益的矿物质或低盐地下水，这样就得到了人们可以饮用的淡水。这种方法因所使用的设备、管道均用铜镍合金制成，所以成本很高，但可一举两得，既能获得淡水，又能在对海水蒸发处理时带动蒸汽涡轮机发电。闪蒸法是海水淡化的主要方法，目前它在世界各个海水淡化总产能力中所占比例为50%左右。较小的海水淡化工厂一般采用反渗透法，这种方法是用高压使盐水通过一个能过滤掉悬浮物和溶解固体的屏，从而获得淡水。反渗透法在全球海水淡化总产量中所占比例为1/3。电渗法则是在有廉价电能供给的情况下采用的一种方法，其建设时间短、投资少，制取淡水的成本也不高，目前也已为一些国家所采用。

在海水淡化方面，淡水资源贫乏的沙特阿拉伯已取得了许多成功经验。早在1928年，为解决吉达市居民的饮水困难，沙特阿拉伯就在那里建了两套蒸馏设备对海水进行淡化处理。此后随着沙特阿拉伯石油工业的发展和经济的发展，缺水问题日益严重。沙特阿拉伯于20世纪60年代开始大规模进行海水淡化，经过数十年的建设，现已具有相当规模，拥有23个大型现代化海水淡化工厂，日产量23.64亿升，同时发电360万千瓦·时。海水淡化事业的迅速发展，使沙特阿拉伯登上了"海水淡化王国"的宝座，长期令沙特人苦恼的淡水问题得到了基本解决。

海水淡化为一些水源匮乏并且高收入的国家开辟了一条解决淡水问题的新途径，尤其在中东产油国得到普遍应用。但是由于海水淡化费用太高，特别是用闪蒸法所得到的淡水的价格要比石油价格贵得多，可谓"水贵如油"。因此，海水淡化目前仍不能为大多数地区所接受。然而，随着技术的进步，海水淡化的费用可能大幅度下降。例如：人们现在经常在靠近电力设施处建蒸馏厂，利用发电的余热为蒸馏过程提供动力，可减少处理费用。此外，还有人正在研制仿鱼鳃的淡化器，也已取得了初步成果。

谈谈"33211"工程

　　我国对环境保护工作十分重视,国家环境保护总局确定跨世纪环境保护"33211"工程, 这是一项治理污染的综合工程, 所谓"33211"就是指重点防治"三河"(淮河、辽河、海河)、"三湖"(太湖、巢湖、滇池)水污染, "二区"(二氧化硫污染控制区、酸雨污染控制区)大气污染, 着力强化"一市"(首都北京市), 保护"一海"(渤海)的环境保护工程。

　　全国2222个检测站的检测结果表明, 我国7大水系污染最严重的3个水系为: 辽河——海河——淮河, 主要大淡水湖泊的污染程度最严重的为滇池——巢湖(西半湖)——太湖。

　　淮河水系超过四类标准的河段占总河的51.2%, 海河水系占41.1%, 松花江、辽河水系占72.8%。

　　太湖受排入湖泊中的磷、氮的影响, 富营养化十分严重, 有些湖区除富营养化外，有机污染也非常严重。滇池草海水质为5类，外海水质为3~4类，草海水体发黑发臭，浮游植物大量繁殖，湖内水葫芦疯长，约90%的水面被水葫芦覆盖。巢湖的富营养化问题由来已久，历史上就经常出现水面上各种藻类异常繁殖，形成了密集的"水华"现象。

水环境所面临的这种严峻形势，引起国家高度的重视。1996年全国人大通过的《国民经济和社会发展"九五"计划和2010年远景目标纲要》中，将淮河、海河、辽河、太湖、巢湖、滇池（三河、三湖）的水污染防治列为"九五"期间我国环保工作的重点。

两控区是指"二氧化硫控制区和酸雨控制区"。1998年2月，由国家环保局组织一些环保研究部门，针对我国二氧化硫严重污染造成的酸雨问题划分了"两控区"，并规定了到2020年沉降量，应在生态环境能承受的负荷之内。

北京的大气污染已经位居世界前列，许多国家驻北京的使馆工作人员都能够得到本国的空气污染津贴。因此，为了北京市民的健康，为了维护北京国际大都市的形象，治理好北京的大气污染是环境保护工作的一项紧迫任务。

这样，国家环保总局就出台了"3321"工程。

在此之后，渤海海域受近海地面工业污染源和海上石油工业的影响，频繁出现了大面积的赤潮现象。针对渤海的污染问题，国家环保总局实施了"碧海行动计划"。此行动计划得到了国务院的重视。《渤海碧波行动计划》被列为国家环境保护工作的重点工作，即在"3321"工程中增加了渤海，成为"33211"（三河——三湖——两控区——一市——一海）工程。

第三章　保护聚落环境

聚落是人类聚居和生活的场所。聚落环境是人类在利用和改造自然过程中，有目的、有计划创造出来的生存环境。人们的一生绝大部分时光是在聚落度过的，聚落环境是与人类的生产和生活最密切、最直接的环境。因此，古往今来，聚落环境都受到人们的普遍关注。

聚落环境根据其性质、功能和规模可分为院落环境、村落环境和城市环境。

院落环境是由一些功能不同的建筑物及同它们联系在一起的场院所组成的基本环境单元。千百年来，院落环境在保障人类工作、生活和健康，促进人类发展中起到了积极作用，但也相应地产生了一些消极的环境问题，其中主要是由于居民生活形成的废水、废气和废弃物造成的环境污染。

村落主要是农业人口聚居的地方。村落环境的主要特点是规模不大，人口不多，周围有广阔的原野和大面积的植被，环境容量大，自净能力强。村落环境的主要环境问题是农业污染及生活污染，尤其是农药、化肥使用所造成的污染，不仅使附近大气、水体造成不同程度的污染，威胁人们的健康，污染严重时甚至可使人畜中毒致死。

城市环境是人类利用和改造自然环境而创造出来的高度人工化的生存环境。城市有现代化的工业、建筑、交通、运输、通讯、文化娱乐设施及其他服务行业，为居民的物质和文化生活创造了优越的条件，但也因人口过度密集、工厂林立、交通频繁等，使环境遭到严重的污染和破坏，给大气环境、水环境和生物环境带来了重大影响。城市化对大气环境的影响，工业"三废"是主要的污染源。另外由于城市化将大大增加耗水量，往往导致水源枯竭，供水紧张。地下水过度开采，常招致地下水面下降和地面下沉。城市化对生物环境的影响表现为严重地破坏了生物环境，从根本上改变了生物环境的组成和结构，被称为"城市荒漠"。此外，城市化还会造成振动及噪音扰民、微波污染、交通紊乱、住房拥挤、垃圾成灾等一系列威胁人民健康和生命安全的环境问题。城市规模越大，环境问题就越严重。因此，近年来，防止城市化造成的不良影响，改善城市环境，一直是人们极为关注的环境问题。

创造良好的院落环境

院落环境是人类在发展过程中，为适应生产和生活上的需要而创造出来的基本环境单元，是人们生活、休息、游乐的主要场所。人们在长期的生活实践中，为了生活的需要，针对各地区的特点，结合当地的资源条件，因时因地制宜地创造出各种丰富多彩的院落环境。如东南亚一带巴布亚人筑在树上的茅舍，北极爱斯基摩人的冰屋，中国西南地区少数民族的竹楼，北方传统的四合院，内蒙草原的蒙古包，黄土高原的窑洞，干旱地区的平顶房，寒冷地区的火墙、火炕等。这些各具特色的院落环境，为人们的生活创造了十分有利的条件。

院落环境在保障人类工作、生活和健康，促进人类发展中起到了积极作用，但也相应地产生了消极的环境问题。比如，南方房子阴凉通风，以致冬季在屋内比在屋外阳光下还要冷；北方房屋则注意保暖而忽视通风，以致屋内空气污染严重，污染源主要来自生活产生的废气、废水及废弃物。比如，到现在为止，千家万户都还是用柴灶和煤炉，每日三餐，炊烟四起，向大气排放大量的污染物。即使在工业区附近，致使院落中的大气污染往往不是由于工业生产污染，而是由于居民的生活形成的废气、废水和废弃物造成的。所以，今后在院落环境的规划、设计和施工中要加强环境科学的观念，在充分考虑到利用和改造自然的基础上，创造出内部结构合理并与外部环境协调的院落环境。所谓内部结构合理，是指各类房间要布局适当，组合成套，并且要有一定的灵活性和适应性，能够随着居民需要的变化而改变一些房间的形状、大小、数目、布局和组合，机动灵活地利用空间，方便生活。所谓与外部环境协调，也不仅只从美学观点出发，在建筑物的结构、布局、形态和色调上与外部环境相协调，更重要的还需从生态学观点出发，充分利用自然生态系统中的能量流和物质流的迁移和转化规律来改善工作和生活环境。比如，在院落的规划、设计中，要充分考虑到太阳能的利用，以便节约燃料，减少大气污染。在房屋的结构、布局中，要尽可能扩大向阳面，缩小向阴面，把房顶、墙壁、门窗当做采光面、集能器来利用。还要考虑到当地太阳高度及其冬、夏变幅，把"向阳"和"阴凉通风"结合起来，设计、建造出冬暖夏凉的居住环境。

提倡院落环境园林化，在室内、室外、窗前、屋后种植瓜果、蔬菜和花草。不仅可以美化环境，净化环境，而且其产品除可供人畜食用外，所收获的有机质和生活废弃物还可用做生产沼气，提供清洁能源，其废渣、废液又可用做肥料，以促进收获更多的有机质和能源。这样就能把院落环境建造成一个结构合理、功能良好、风光优美、空气清新的良好环境。

城市热岛效应

久居城市的人们都会有这样的体会，盛夏季节的城市里热浪袭人，可一到郊区，就像换了一个天地，顿觉凉爽宜人，其实这是人类活动导致的小气候变化现象。科学家们发现，不仅仅是在夏季，几乎一年四季城市里的温度都比郊区高，只不过是在夏季这种温差变化比较明显，易于被人们感觉而已。道理很简单，城市是人口、工业高度集中的地区，由于人的活动，尤其是工业生产活动，会使城区温度比周围郊区温度高，繁华的城区像是一个"热岛"，这一现象被人们称之为城市热岛效应。

热岛效应是一种十分普遍的现象，世界上几乎所有的城市热岛效应都十分明显。据世界20多个城市的调查统计，城市的年平均温度要比郊区高0.3℃～1.8℃。在美国旧金山市，曾出现过城区与郊外气温相差11℃的情况。那么，为什么会出现城市热岛效应呢？

　　在城市中，热源非常多，这里人口稠密，工业发达，由于生产、生活、取暖的需要，大量燃烧煤炭、石油、天然气等燃料，燃料中的一部分转换成电能、机械能、热能被利用，其余的则转化为废热散发到大气中。就热电厂来说，煤炭终年不息地在燃烧，它所产生的热能大约有2/3变成废热排入大气或水体中，造成环境热污染。如果乘飞机在工业城市上空俯瞰，在发电厂一类的强热污染上空，在静风扩散能力低的气象条件下，常可发现有一块孤立的云区，云区的四周却是晴空，就好像是在城市上空盖了一顶帽子，这是由于城市排污和热污染形成的。

　　城市中日渐增多的机动车也是城市增温的重要原因，成千上万辆机动车，川流不息地行驶在城市街道上，不停地排放尾气，不仅污染了大气，同时也排出了大量废热，使气温增高。

　　人类在城市里的集中居住，生活中产生的热量也极为可观，除取暖烧饭要放出热量以外，人体本身也在散发热量，据计算，一个人散发的热量，相当于一个100瓦电灯泡发出的热量，一个拥有上千万人口的城市，仅人体的散热量就可达若干千亿瓦之多。

　　与郊区比较，城市吸收的各种热量要大得多。现代城市中的建筑物鳞次栉比，水泥、柏油铺成的公路纵横交错，在白天，建筑物、路面等会大量吸收太阳的辐射热和废热，使气温很快升高；而到了夜间，建筑物和路面等吸收的热量开始释放出来，使城市的气温不会很快下降。所以夜间城区与郊区的温差比白天要大。

　　城市中越修越高、重重叠叠的高楼大厦，组成了一堵堵巨大的人工屏障，阻挡了空气的正常流动，当较冷的空气从郊外向城区中心流动时，这些人造屏障会将冷空气阻挡在城外，这也是市区气温高于郊区的一个原因。

重视垃圾污染

　　城市垃圾是指城市居民生活、商业活动、市政建设、医疗卫生、交通旅游、机关办公等过程中所产生的废弃物。

　　城市垃圾来源有多种，其中最主要的来源还是生活垃圾。在日常生活中，人们都喜欢清洁、美观的环境，人们就得不断清除脏的、破旧的、无用的东西，如用煤取暖、做饭，煤燃烧后会剩下大量煤渣，人们食用蔬菜、水果等会留下瓜果皮核及烂菜叶、烂水果、老菜叶等，这些东西被人们废弃后便成为垃圾，还有一些包装材料、餐具、制服等，用后即弃，使得垃圾中废纸、废塑料、废罐头盒、废玻璃瓶等废物所占的比重越来越大，目前连汽车、电冰箱、电视机、洗衣机等大型耐用消费品，因为"过时"而被废弃为垃圾的数量也越来越多。如美国每年产生城市垃圾近2亿吨，废弃旧汽车达900多万辆。

一般来说，城市垃圾的产生量及其增长率与城市规模、人口的增长成正比，城市的规模越大，人口越多，相应产生的城市垃圾数量就越多。据粗略估计，目前中国城市居民平均每人每天排出1千克垃圾和1千克粪便，而据报道，国外许多工业城市人均产生的垃圾量要比中国大得多。即使按较低水平计算，一个近千万人口的城市，每年产生的垃圾总量无疑是一个天文数字了。如果这些垃圾不认真收集起来而任人随意丢弃的话，那么在城市的街道两侧、住宅旁、楼底下会到处是垃圾，城市居民会被又脏又臭的垃圾所包围，成为名符其实的垃圾世界了。那样，将给城市环境造成严重污染，后果不堪设想。为此，各大城市都要想方设法，用各种方式将分散的垃圾收集起来。

目前，许多城市用金属垃圾桶将垃圾收集起来后，再运输到远离市区的垃圾处理场所进行处理。由于垃圾数量多，体积大，又要进行长距离运输，所以这种办法成本很高，一般占全部处理费用的80%以上。

为了动员全社会都来清除垃圾，告诫人们不要随手乱丢垃圾，人们煞费心机地想出了种种有趣的方法。如美国宾夕法尼亚州的一家游乐场安装了许多会说话的，形同熊猫、大象等动物的垃圾箱，每当有人扔进垃圾时，它们会彬彬有礼地说："朋友！谢谢你，你喂我的食物真是好吃极了。"加拿大一座城市采用"垃圾入场券"的方式，对于城市的几处颇受欢迎的娱乐场所，市政府规定，凡是进入娱乐场所的人，都必须在街上拣来几块纸屑或果皮方可免票入场。

城市垃圾处理

　　为了控制城市垃圾对城市环境的危害，多年来人们一直在苦苦寻找着城市垃圾的处理方法，并在长期实践中形成了一系列的行之有效的方法。目前广泛应用的有压缩处理法、填埋处理法、焚烧处理法和堆肥处理法。

　　压缩处理。对于一些密度小，体积大的城市垃圾，经过加压压缩处理，可以减小体积，便于运输和填埋。有些垃圾经过压缩处理后，可成为高密度的惰性材料和建筑材料。如日本在20世纪60年代末期设计出垃圾压缩处理法，把垃圾压缩至原体积的1/4，然后在压缩块体周围围上金属网，再涂上一层沥清。处理后的垃圾块在东京湾暴露3年后，经检验未发现任何降解现象。法国还试验在固体垃圾中加入黏合剂，并施加更大的压力使之压缩到原体积的1/20，这样处理的垃圾更加便于运输，并可直接用来作为建筑材料。

填埋处理。城市垃圾填埋是一种最古老的处理方法，早在公元前1000年以前希腊克里特岛首府克诺索斯就将垃圾分层覆土，埋入大坑中。因为成本低，所以世界各国从古至今都广泛沿用这一方法。从无控制的填埋，发展到卫生填埋，包括滤沥循环填埋、压缩垃圾填埋、破碎垃圾填埋等。它可以利用各地所能提供的基础条件，采用不同的填埋方式，满足作业和消纳的要求。

目前，城市垃圾多采用卫生填埋方法。在回填场地上先铺一层厚60厘米的垃圾，经压实后再铺一层松土、砂或粉煤灰的覆盖层，以免鼠、蝇滋生，并可使产生的气体逸出。然后依此将垃圾分隔在夹层结构中，已回填完毕的场地，可以留做绿地、公园、游乐场等。

焚烧处理。在一些缺乏垃圾填埋场地的城市，可采用焚烧法处理城市垃圾，达到无害化和减量化的目的。此法适用于处理可燃物较多的垃圾。焚烧法需要专门设备，成本较高，目前，欧洲国家城市垃圾的20%左右进行焚烧处理，美国城市垃圾的10%左右进行焚烧处理，中国主要用以处理医院和传染病院的部分有机垃圾。焚烧后，垃圾的体积可减少85%，便于填埋。

垃圾焚烧后产生的热能，可以用来生产蒸汽或电能，也可用于供暖或生产的需要，据计算，每焚烧5吨垃圾，可节省1吨标准燃料，在目前能源日渐紧缺的情况下，利用垃圾焚烧产生的热能，具有重要现实意义。

堆肥处理。堆肥法是中国、印度等东方国家处理垃圾、制取农肥的古老方法，也是当今世界各国均在研究利用的一种方法。堆肥法是使垃圾中的有机物，在微生物作用下，进行生物化学反应，最后形成一种类似腐殖质土壤的物质，可用做肥料或改良土壤。

垃圾能源

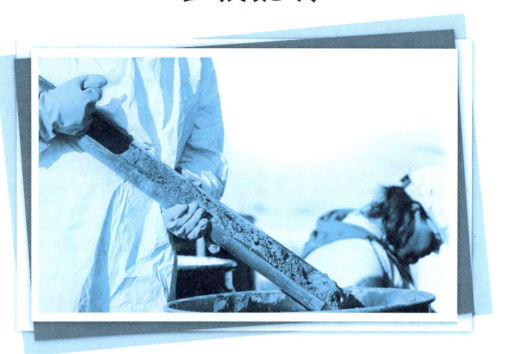

世界性的能源危机，迫使人们寻找新的可利用的能源。随着垃圾中可燃物的增加，不少国家 把垃圾作为能源的潜在资源，致力于从垃圾中回收能源的研究工作，已取得了令人可喜的成果，为解决能源问题开辟了新的途径。

垃圾中常含有较多的可燃物，如在城市垃圾里一般含有30％的可燃物，有的只需添加些辅助燃料便可燃烧。许多国家采用焚烧法来处理垃圾，日本、美国等国家利用焚烧法处理垃圾数量目前已达60％以上。垃圾焚烧后，体积可缩小到原来体积的百分之五左右，无菌消毒彻底，而且焚烧产生的热量还可以用来发电和供热，既解决了垃圾处理问题，又提供了新的能源。如日本横滨每天焚烧垃圾600吨，发电2800千瓦·时。美国纽约享晋特德发电厂每年处 理垃圾60万吨，可发电2.5亿千瓦·时。

　　国外燃烧4吨垃圾产生的热能与1吨煤油大致相同，利用垃圾发电已在许多国家开展起来，据报道，目前日本已建立垃圾发电厂20余处，用垃圾中分选出来的可燃物质直接发电，他们估计，若把全国的垃圾用来发电，足够一千万人的家庭用电需要。德国从1985年到1990年建立起10个垃圾发电厂，总发电能力达 35×10^7 千瓦·时。美国建成垃圾发电站70余座，其发电能力更为可观。

　　垃圾经过加工可生产垃圾衍生燃料(RDF)，RDF再进行燃烧可以用来供热或发电。生产RDF的方法有两种：一种是通过热解方法把垃圾转变为燃料或燃料气；另一种方法是把垃圾沼气化。例如：日处理900万吨垃圾的填埋场平均每天可回收沼气43 200立方米，年可回收沼气1576.8万立方米。

　　巴西的坎皮纳斯市，根据城市垃圾中的有机成分不低于70%、适合沼气开发的特点，在市郊建造一座沼气发酵设施，设施中的卫生池常年密闭，避免了散发出难闻的臭味和产生蛆虫。预计沼气池第一年每天产出7000立方米沼气，其价值相当于5000升柴油，第二年沼气日产量可增加一倍，第三年日产量将增加二倍。

　　美国曼彻斯特大学的两位科学家研制了一套将城市垃圾合成原油的反应堆。他们利用氢在反应堆中对垃圾中的动植物残骸、废塑料、废纸张等进行化学处理，并在处理过程中加入液体催化剂以加速反应。这种反应堆成功地从10吨垃圾中合成了3.7吨原油，所花费用仅是市场原油价格的一半。

垃圾是宝贵的财富

提起垃圾，人们会自然地把它同废物联系起来。其实，从科学的意义上来说，垃圾并不等同于废物，许多垃圾有着利用价值，可以作为二次资源加以利用，人们可以从中获得大量的有用资源。所以我们不能一味地把垃圾当成"包袱"，而应当将其视为丰富的再生资源的源泉。

据测算，垃圾的成分按重量划分，有废纸类40%，黑色和有色金属3%～5%，废弃食物25%～40%，塑料1%～2%，织物4%～6%，玻璃4%，以及其他物质。大约80%的垃圾为潜在的原料资源，可以重新在经济循环中发生作用。

回收利用垃圾中的有用成分作为再生原料，具有一系列优点，其收集、分选和富集费用要比初始原料开采和富集的费用低得多，甚至要低好几成，并且可以节省自然资源，缓和自然资源的紧张状况，更重要是还可以避免环境污染，具有良好的经济效益、社会效益和环境效益。

垃圾中所含废纸是造纸的再生原料。由于纸张和纸板的需求量的迅速增长，导致了森林资源的衰竭，而处理利用100万吨废纸，即可避免砍伐600平方千米的森林。中国废纸回收率为22.4%，造纸200万吨。

处理垃圾所含废黑色金属，可节省铁矿石炼钢所需电能的75%，节省水40%，而且显著减少对大气的污染，降低矿山和冶炼厂周围堆积废石的数量。120～130吨罐头盒可回收1吨锡，相当于开采冶炼400吨矿石，这还不包括经营费用。如美国每年从垃圾中回收废钢铁几千万吨。

利用垃圾中的废弃食物，不仅减少了对环境的污染，而且可获得补充饲料来源，提高经济效益。用100万吨废弃食物，可节省出36万吨饲料用谷物，生产4.5万吨以上的猪肉。

近年来，世界上许多国家都大力开展垃圾回收有用成分的研究工作，大量的垃圾综合处理技术方案获得了专利权，从而使大量垃圾变废为宝为人们所利用。意大利的索雷恩切希尼公司在罗马兴建的2座垃圾处理工厂，可处理城市垃圾量的70%以上。其处理工艺对垃圾中的黑色金属、废纸和有机部分等基本有用成分全面回收，并且还回收塑料和玻璃供重复利用。日本在1998年研制出回收废旧泡沫塑料的新技术，将从橘子皮中提炼出的凝烯溶化废泡沫塑料，获得聚苯乙烯，再重新制造出泡沫塑料来。

世界上一切垃圾都具有反复利用、循环利用和再生利用价值。全球性自然资源枯竭又使垃圾资源再利用成为现实需要，并有着广泛应用的美好前景。人们把技术水平允许开发且具有再生循环利用经济价值的垃圾转化为二次资源和再生资源产品的过程称为垃圾资源化。

奇特的垃圾景观

　　一提到垃圾，人们会自然地把它同肮脏、污秽和令人厌恶之物联系起来。其实不然，垃圾不仅可以作为再生资源加以利用，而且可以用来装点江山，美化人们的生活环境。

　　目前世界各国垃圾处理大多数以卫生填埋为主，工业发达国家卫生填埋处理的垃圾占垃圾总处理量的60％以上。经过卫生填埋处理回填完毕的场地，常可留做公园、绿化地，也可开辟为游乐场等。美国弗吉尼亚州的一个滨海城市，用64多万吨垃圾建成一个优美的垃圾山公园。公园内设有野餐区、球场、滑冰场及供放风筝的宽敞场地，还有一个可供划船和钓鱼的湖。这个湖的旧址原是一片沼泽地，土被取做覆盖垃圾之用后，这里辟为秀美的湖面。人们用智慧和劳动，使昔日污染环境的垃圾场，变成了供人休息、游玩的乐园。

中国的天津市每年要产生150万吨垃圾，长期苦于找不到妥善的安置办法。1986年起，天津市政府开始在水上公园南侧堆积一座垃圾山，这座垃圾山共用860万吨，把天津市多年的垃圾全部堆上去，堆山的垃圾经过卫生处理后，分层覆盖黄土，又在山上修建亭台楼阁，植树种草，山旁挖一人工湖，形成一处有山有水、景色宜人的风景区。

印度的昌迪加尔市，有一座风格独特的花园，园内有用碎陶器和五颜六色碎石镶嵌的装饰图案，有用啤酒杯、茶缸、碎瓷器和未燃烧完全的煤块等拼砌的拱廊、厅堂和塑像等。园内处处草青竹翠、花香鸟语。这个令人赏心悦目的花园就是用垃圾建成的。

美国里奇蒙市市郊还出现了一批几乎全部用城市垃圾建成的结构巧妙、式样新颖的奇特房子。

在巴西，一些大城市里出现了一面面生物墙和垃圾墙。人们把炉渣、碎石屑、破布、锯木、 废纸等废品捣碎，混合起来，制成一种特殊的材料，然后再制成空心砖，在六角形的空心砖内装进土壤、垃圾和草子，镶嵌在建筑物表面，形成一片垂直的绿色海洋，十分美观。

中国北京的仙鹤岛、香山公园和天津中心园有86只形态各异的仙鹤造型，它们或临水而立、 或引颈高歌、或欲翩翩起舞，生动、逼真、活灵活现，十分美观。这些仙鹤是辽宁一位民间艺人从废料垃圾堆里，用挑选出来的废铁皮、废钢筋等做成的钢雕。真是化腐朽为神奇，令人讨厌的垃圾却给人们的生活增添了美的色彩。

恶臭污染的治理

　　随着人们生活水平的不断提高，对优美舒适的环境要求日益迫切，恶臭污染的治理也越来越引起人们的重视。

　　治理恶臭应先控制污染源，减少恶臭物质的散发量。在控制污染源的基础上再根据发臭的原因采用适当的方法除去恶臭物质，使恶臭物质的浓度降低到嗅阈值以下，或达到规定的标准要求。常采用除臭方法有以下几种：

　　洗涤法：臭气由多种可溶于液体的成分组成，可用洗涤法除去。洗涤法就是用水或其他洗液把恶臭成分除去的方法。其中，因氨类、胺类、低脂肪酸类等恶臭成分在水中溶解度较大，用水洗法净化效果很好。

　　水洗法是在洗涤装置中用水或海水将恶臭物质溶解的脱臭法。将恶臭气体引入喷射洗净器，用大量水喷洗，经分离器将凝集的部分与未凝集

的部分分开,使一部分经洗涤水排出,另一部分再抽回到喷射洗净器(再加入新的洗净水),通过排气烟囱,将洗过的气体或未被洗净的剩余臭气排出,借助于高空大气扩散稀释。

有时为了提高除臭效率,向水中加入不同的洗涤液,分段洗净,可收到更好的效果。针对恶臭物质的成分选用相应的洗涤液。如恶臭物质为硫化氢,可选用苛性钠溶液或与次氯酸钠的混合液;恶臭成分为甲醛,可选用亚硫酸钠溶液;恶臭成分为丙烯醛,可选用氢氧化钠溶液与次氯酸钠溶液的混合液等等。

恶臭物质不一定都是气态,有时也会含有一定的粉尘、烟雾等物质。此时,在消除恶臭过程中可用除尘、除雾的办法一并除去。

燃烧法除臭:此法是在高温条件下把恶臭成分氧化分解,使其变成无味或臭味较小的物质,从而达到除去臭味的目的。用燃烧法处理恶臭物质,其浓度愈高愈便于燃烧,节省能源。当恶臭物质浓度很低时不宜采用此法。燃烧除臭的条件是:恶臭物质能在瞬间与高温流体混合;焚烧温度应保持在 760℃以上;燃烧时间大于 0.3~0.5 秒。为了节省能源,使恶臭物质在低温条件下燃烧,可利用催化剂进行催化燃烧。如用镀镍合金丝作为催化剂,可使恶臭物质在300℃~500℃温度下燃烧,达到无害无臭。

活性碳吸附法脱臭:利用活性碳做吸附剂吸附恶臭分子。吸附除臭的工艺流程是把活性碳吸附剂置于吸附塔内,让恶臭气体从塔中通过,从而达到除臭的目的。用活性碳吸附效果好的有醇类、硫醇、羊脂酸、酪酸、石油系恶臭。一般恶臭物质的浓度越低,对吸附过程的进行越有利。所以这种方法多用于臭气量不大而浓度又低的场合。

消除居室氡污染

氡是一种无色、无味的放射性惰性气体，氡有三种同位素，氡-219也叫锕射气，来自锕系；氡-220称钍射气，来自钍系；氡-222称镭射气，来自镭系。自然界中的氡及其同位素主要是由地壳岩石，土壤中的铀、钍等放射性元素衰变而产生的。

居室环境中的放射性氡污染是一种比较常见的现象。据有关部门测定，来自建筑材料、砖瓦、水泥和石灰中的氡及其衰变体，往往可使居室内氡的浓度达到室外的2～20倍。一般情况下，居室内氡的浓度较低，对人体不会造成危害，但是当氡的浓度达到一定程度却持续时间很长时，就会危害人体健康，许多国家制定的住宅主要危险源"氡"的上限值为100贝可／立方米。

在居室内空气中，氡及其放射性子体往往附着在灰尘粒子上，随呼吸进入人体内,在人体内产生近距离辐射作用,破坏人体细胞,严重时可导致肺癌等疾病,甚至使人死亡。如当人吸入含氡的空气后,吸入的氡大部分沉积在支气管的表层,它在衰变过程中所释放出来的射线会不断地轰击支气管上的皮组织细胞,从而诱发支气管肺癌。国外的一些放射性防护组织调查结果表明,长期居住在含氡及其衰变子体浓度高的住宅里的人,肺癌的发病率明显增高。氡的迁移活动性大,易被人体吸收,现已成为仅次于香烟的第二号引发肺癌的杀手。

居室空气中氡的来源广泛,除了主要来源于建筑材料外,还有其他多种来源。使用含氡高的饮用水时,氡可从水中散发出来。如专家们在一个浴室内经测定确认,当水龙头放水15分钟后,氡在空气中的含量增加了25%。厨房里煤、液化石油气等燃料燃烧时也可使氡释放出来进入到空气中。另外建筑物的地基背景,尤其是地基土壤中放射性元素的含量等也是影响室内空气中氡的含量的一个重要因素之一,一些利用地下热水的浴室和某些旅游溶洞中的氡浓度严重超标常与其地质背景有关。

研究表明,把一些放射性核素含量较高的炉渣、矿渣用做建筑材料,就会不知不觉地将大量的氡带到居室环境中,居室装修时若再使用一些放射性核素含量较高的天然石材和人造装饰材料,也会增大室内氡的浓度水平,从而使氡及其子体的浓度较高,足以对人体造成危害。

为了减轻氡污染的程度,专家们认为加强室内通风是室内降氡的主要方法。通风方式可以是自然通风和人工通风,也可采用空气交换机。有关实验表明,常开门窗的室内与室外氡的浓度相近,较封闭的室内开门窗通风3小时氡浓度才降至正常,房间关闭2天后氡的浓度会上升2倍多。其次是严格控制含有天然放射性核素铀、钍、镭等建筑装饰材料的使用,并在城市规划和建筑物选址时注意避开高氡地质背景区。

ok

电磁波污染源及其防护

电磁波污染有天然的电磁波污染和人为的电磁波污染两种。

天然的电磁波污染是由某些自然现象引起的,最常见的是大气中由于电荷的积累而产生的雷电现象,它除了可能对电气设备、飞机、建筑物造成危害外,还会在广大地区从几千赫到几百赫以上的极宽范围内产生明显的电磁干扰。火山喷发、地震、宇宙射线和太阳黑子活动引起的太阳磁暴等也会产生电磁干扰。天然电磁污染除对人体、财产等产生直接的破坏外,它所造成的电磁干扰危害也很大,尤其是对短波通讯的干扰最为严重。

人为的电磁波污染主要有脉冲放电、工频交变磁场、射频电磁的辐射等。工频场源主要指大功率输电线路产生的电磁波污染,如大功率电机、变压器、输电线路等产生的电磁场,它不是以电磁波形式向外辐射,而主要是对近场区产生电磁干扰。射频场源主要是指无线电、电视和各种射频设备在工作过程中所产生的电磁辐射和电磁感应，这些都造成了射频辐射污染。

怎样来防止电磁波污染呢？

一般认为控制电磁污染必须采取综合防治的办法，才能取得好的效果。首先要合理设计使用各种电器电子设备，减少设备的电磁漏场及电磁漏能；其次是通过合理布局和规划，把电台、微波站等电磁污染源建设在人口稀少的地方，2000 米以内最好无人居住，还应制定设备的辐射标准并进行严格控制；对于已经进入到环境中的电磁辐射，要采取一定的技术防护办法以减少对人及环境的危害。常用的防护办法有下列几种：

区域控制及绿化。对于工业集中城市、电子设备密集使用地区，可将电磁辐射源相对集中在某一区域，使之远离一般工作区或居民区，并对这样的区域设置安全隔离带，从而控制电磁辐射的危害。由于绿色植物对电磁辐射有较好的吸收作用，因此加强绿化也是防治电磁污染的有效措施。

采取屏蔽保护的方法来减轻电磁污染的危害。使用某种能抑制电磁辐射扩散的材料，将电磁场源与其环境隔离开来，使辐射能被限制在某一范围内，达到防止电磁污染的目的。从防护技术角度来说，这是目前应用最多的一种办法。

吸收防护法。采用对某种辐射能量具有强烈吸收作用的材料，敷设于场源外围，来防止大范围污染，这种方法对于近场区防护微波辐射危害效果较好。

对于微波作业人员等，应采用特制的防护衣、防护眼镜和防护头盔等来进行个人保护，以防止电磁污染的危害。

从传播途径上控制噪音污染

　　噪音是一种物理污染，从声源发出后在传播过程中能量随着距离的增加而衰减，噪音的辐射具有指向性，噪音的这些特性使人们从传播途径上减噪成为可能。

　　目前的科学技术水平，还不能使一切机器设备都达到低噪音，这就需要在声音的传播途径上想办法去控制噪音。简单的办法是把声源安置在远离需要安静的地方或在噪音的传播方向上建立隔声屏障，如日本在机场和高速公路边都设置了隔声墙或种植绿化带，让绿色植物的茂密枝叶使声波发生多次反射和折射，以此来达到减噪的目的；也可利用土坡、山丘等天然屏障减噪。此外，还可用吸声、隔声、消声、隔振等办法降伏噪音。

　　吸声主要是利用吸声材料和吸声结构来吸收声能。在建筑会发生噪音的房屋如厂房、会议室、剧场等，利用棉、毛、麻、玻璃棉、泡沫塑料等吸声材料做内墙壁面，可使噪音降低。因为当噪音声波辐射进入多孔材料时，引起空隙中的空气振动，与孔壁产生摩擦，把声能转变为热能，从而使噪音降低。在建筑结构上，利用薄板、空腔共振、微穿孔板等吸声结构，也可达到减噪目的。

交通噪音也可以用吸声的办法解决，德国在许多大城市修筑了吸声路面，路面修筑时用的沥青较少而碎石较大，路面上有许多空隙，能把汽车发动机的声音吸收一半，使交通噪音大为减轻。

空气中传播的噪音可采用隔声的办法来降低。隔声就是用屏蔽物将声音挡住，隔离开来。由于声波是弹性波，作用在屏蔽物上会激发起屏蔽物的振动，向室内辐射声波，在这种情况下，如果采用隔声性能好的双层结构，会收到极好的隔声效果。在建筑房屋时，修建有空气夹层的两层墙，墙中填多孔水泥砖、玻璃棉、矿渣棉等吸声材料，可减少户外噪音传入室内，也可减少相邻房间噪音的相互干扰。当声波传到第一层墙时，产生振动，当振动遇到夹层中的吸声材料时，会因它们的弹性和附加吸声作用使振动发生衰减，这时，再传给第二层墙，衰减就更加明显。同样的原理可以用来改善楼板的隔声效果，在楼板上加做一层地板，中间添上弹性材料，就会大大减轻脚步声、家具移动声等噪音的传播。波兰还研制出了一种双层结构的防噪音玻璃，其隔声效果极佳，当室外声音达40分贝时，室内声音才只有13分贝。隔声罩是在机器噪音控制中常常采用的措施。一般隔声罩由隔声材料、阻尼材料和吸声材料构成。

消声是利用消声器来降低空气声的传播。常用来控制风机噪音、通风管道噪音、排气管噪音等。只要把消声器安装在空气动力设备的气流通道上，便可以降低这种设备的噪音，同时又不妨碍气流的通过。

噪音的治理

噪音对人的身体健康有害。长期处于强噪音环境下的人，中枢神经系统有可能失调，使大脑皮层兴奋和抑制失去平衡，导致人们头昏脑胀，食欲不振，睡眠不好；还可能引起某些人的血压升高，加速动脉硬化的进程。所以说噪音是健康的杀手。

如何防治噪音呢？

传统的治理噪音的方法是从声源上，声音的传播途径上，以及接收点上来控制噪音。比如改善机械装置，使噪音的产生量减少；采用玻璃棉、泡沫塑料等来防止噪音的传播；如果上述两种方法失败，则可以采用耳塞、耳罩等人为防护措施。

最近以来，国外采用反噪音来消除噪音，以噪治噪，取得令人满意的效果。大家知道，噪音是一种声波，它具有物理学振幅、频率、相位的特性，科学家就是根据这种原理将一种与某种噪音频率、振幅相同，而相位相反的声音来抗噪音。具体方法就是在噪音发生的地方安上一个话筒，收集其发出的噪音，再用计算机的传感器测出该噪音的频率、振幅、相位，然后将这种噪音复制下来，在与原来噪音相位相反的位置释放复制的噪音，就能够使峰谷和峰底相互消长，达到以噪治噪的目的。当今有关专家认为，以噪治噪是一种大有前途的消除噪音的方法。

除了以噪治噪以外，英国的科学家又发明了一种能够吃掉噪音的公路。在20世纪90年代初期，奥地利科学家发明了一种能够吃掉噪音的筑路材料，这种材料就是多孔沥青混凝土，利用这些材料上的小孔和它本身拥有的弹性，能够把机动车在路面上行使的震动能转化成材料内部的热能散发出去，从而使震动和噪音都迅速减弱。但是由于奥地利属于大陆性气候，遇到寒冷的冬季，路面常常被冰雪覆盖着。为了快速消除多孔沥青混凝土表面上的积雪和积水，不得不经常撒盐，费用变得惊人。因此，奥地利的公路经常因为路面孔洞全部结冰而被迫关闭。

能不能开发一种新材料，不仅能够"吃掉"噪音，而且能够适应严寒呢？英国科学家找到了这种全能材料——粒粒水泥。用粒粒水泥铺路，必须按一套特殊的工序。首先，要在公路上铺一层普通混凝土，厚度约20厘米，并且将路面平整，然后铺上一层较薄的粒粒水泥，厚约2厘米，并在路面上喷化学阻滞剂，防治泥灰浆凝结在路面上，12小时后，用机械刷刷除水泥灰浆，就形成了别致的粒粒凸露的路面了。

这样铺成的路面由于凸面不规则，不仅能够消音防噪，同时还具有良好的防滑功能。另外，凸露的颗粒路面反光小，颜色与环境比较和谐，视觉舒适，是不污染环境的一种公路。

应注意预防电脑病

　　人们通过对电脑病的调查研究，针对各种电脑病症状的形成原因，提出了一些行之有效的预防电脑病的措施，对预防电脑病起到积极作用。长期从事电脑操作的人员，应加强自我保健意识，在工作中可采取如下措施预防电脑病的发生。

　　要创造一个合适的工作环境。室内的光线要适中，不可过亮或过暗，并且要避免光线直接照射屏幕，以免产生干扰光线，应让光线从左面或右面射进来为宜。屏幕颜色以绿色较好，亮度不要太亮，以防刺激眼睛。有空调的房间应定期进行室内空气消毒，如在门旁安装负离子发生器更好，以控制污染。同时，要常开门、窗，以利空气流通，常用换气机更换室内空气。

　　选择正确的坐姿。操作电脑时要选择可调节高度的坐椅，背部有完全的支撑，膝盖约弯曲90度，坐姿舒适。电脑屏幕的中心位置应与操作者胸部在同一水平线上，眼睛与屏幕的距离应在40～50厘米，身体不要与桌子靠得太近，肘部保持自然弯曲。

若连续在屏幕前工作较长时间，应该定期休息。日本劳动省曾规定，电脑操作人员应每隔1小时休息10～15分钟。休息时应站起身来活动活动手脚，也可到室外放松一下，这样对身体健康十分有益，为了保护视力，可看看远处或绿色植物，或做一会儿眼保健操，使眼部肌肉得到放松。

敲击键盘时不要过分用力，肌肉尽量放松。由于电脑操作者敲击键盘次数频繁，因此敲击时不要用力过猛，应轻轻地敲击，有手腕部位疾病或腱鞘炎的人，应经常活动腕部和手指关节，手腕尽量不要支撑在桌面上，以免腕部受压而损伤，有肩周炎者则应常活动肩关节，以避免长时间不活动，肌肉、肌腱发生粘连。

应经常洗手和洗脸。因电脑屏幕表面有大量静电荷，易于积聚灰尘，操作者的脸及手等裸露之处，容易沾染这些污染物，若不注意经常清洗，可能会出现难看的黑色斑疹，严重时可导致其他皮肤病。

电脑操作者应多食用富含微生素A的食物。如胡萝卜、红枣、动物肝脏等，以补充体内维生素A的不足。还可多饮绿茶，因为绿茶中含有多种酚类物质，能对抗电脑产生的一些有害物质。

妇女在怀孕期间，不要从事电脑工作。因为实验表明，电脑周围产生的低频电磁场，可对胚胎产生不良的生物效应，干扰胚胎的正常发育而造成流产。所以从事电脑工作的孕妇，应多注意自我保护，尤其是在怀孕早期，应尽量减少操作时间，如能暂时调换一下工作更好，以防患于未然。

手机污染危及其防范

　　自从摩托罗拉公司推出世界上第一台移动电话后，这种小巧灵便的通讯工具便受到人们的格外偏爱，使之迅速而广泛地渗透到现代生活的每一个角落。据统计，目前全世界手机用户已达5亿多，而且仍在不断增加，人们手持灵巧美观的手机，进行繁忙的业务联系和通讯交流，已是人们生活中司空见惯的情景。然而，就在这潇洒和方便之中，使用者也受到了过量的高频率电磁波（超短波）的辐射污染的伤害。

　　手机是在超短波段工作，其功率比微波炉还大，当人受到超短波频率无控制的辐射时，会产生头痛、头晕、疲倦无力、周身不适等症状，多次重复辐射，危害更大，不仅症状加重，严重者可导致白内障。当然，不同功率的手机因其所发出的电磁辐射强度不同，对人体的危害也不同。目前手机辐射强度一般在每平方厘米1800～2000微瓦。中国的《环境电磁波卫生标准》中规定，手机范围内的一级卫生标准为每平方厘米10微瓦。显然，手机的电磁波辐射强度远远超过国家标准，会产生较强的电磁波污染，而电磁波污染对人体的伤害作用早已被医学所证明。

据报道，不久前美国医生发现，用无线电探测器确定汽车速度的警察（这种探测器也会辐射超短波），很多患有肿瘤。但是手机是否会导致肿瘤，目前尚无定论。不过此类报道也屡见不鲜。一位意大利企业家使用手机三年后，脑部发现恶性肿瘤，经CT扫描确认，病变部位恰好位于天线顶端习惯放置在头部的位置。英国学者认为，手机能加速脑癌的扩展。澳大利亚的约翰·霍特教授在研究后认为，有的癌症在手机使用者身上扩散的速度是常人的20倍。中国也有此类报道，许多手机使用者反映有电磁过敏症状，如头痛、头晕、失眠、多梦、全身乏力等。

中国某医院曾经发生了这样一件事情：一位心脏病患者在安装了心脏起搏器后情况正常，即将出院。不料在出院前一天上午出现突然变化，起搏器工作状态不稳，医生经过多方查找，终于发现是手机在作怪。原来同病房患者的亲友来探视时，在病房用手机打电话，病人马上感到胸闷、气短、心跳异常。因此断定，真正的元凶是手机发出的电磁辐射。

防患于未然是保护自己的最好办法，人类不会因手机的电磁辐射而弃之不用，也不会听任其对自己造成伤害。专家们告诫用户，使用时应当"短讲、远离、勤换"。勤换是指使用时可在左右耳之间轮换。另外，在日常生活、工作中，要尽量少用手机，把它作为临时性的通讯工具，以减少电磁波对自己身体的伤害。

复印机污染及其预防

　　在我们现代化生活的今天，复印机以其快捷、高效、方便成为办公自动化的工具之一。复印机进入办公室和我们的日常生活中，可以节省大量的文印时间和人力。复印机工作的特点是不需要传统的制版排字的程序，也不需要进行校对复核，它可根据用户的需要在几秒钟内或原样印出或放大、缩小印出图纸及文件资料的真迹。其效率之高大大优于以往各种文印设备。随着复印机技术的进展，复印机的工作效率也在不断提高，现在，西方发达国家已生产出每分钟复印百张复印纸的复印机，其速度之快，效果之好，实在惊人。彩色复印机的问世，更是把复印技术推向了一个崭新阶段。

　　然而，复印机的广泛应用，给办公室造成的污染也日益突出。据研究，复印机在工作时，带高压电的部件会与空气中的氧发生化学反应，产生臭氧和烟雾状物质，这些物质会危害人体健康。复印机长时间工作，复印机旁臭氧浓度过高，会使机旁工作人员的眼、喉产生刺痛感，并会引起肺炎、支气管炎、肺水肿等病症，还会使人的免疫力下降，引发多种疾病，更可怕的是还可能引发癌症。据日本公共健康研究所专家测定，在连续工作的复印机周围50厘米内的空气中，臭氧浓度超过安全标准的2倍多。所以，长期在复印机旁工作和生活的人，应注意防止臭氧对身体的损害。

复印机使用的墨色显影粉是一种对人体有害的物质。这种显影粉含有多环芳烃和硝基芘等， 能使人体细胞正常结构发生变化。在一般情况下，复印机工作时，周围空气中的显影粉浓度还不致于产生危害，但在更换或添加显影粉时，其浓度会远远超过安全界限，影响人体内部正常的新陈代谢，从而对人体产生伤害。

目前，伴随着复印机数量和复印机工作人员的增加，由此引起患有支气管炎和肺炎等"复印机综合征"的人数也在不断增加，因此，复印机污染的危害已引起人们的关注，防护和减轻复印机污染也日益受到重视。

为了减轻复印机带来的污染，要把复印机安置在通风条件较好的房间，并经常打开门、窗通风或安装排气扇等设施以利空气流通。 在复印机旁工作的人员要加强自我防护意识，比如，室内通风条件较差，可以在复印机旁工作半小时左右后，到室外休息一会儿再回来继续操作，尤其是在更换、添加黑影粉和清除墨粉时，要注意防止墨粉的扩散。此外，复印机操作人员平常要适当服用维生素E，可以保护细胞生物膜免受氮氧化合物的损害。

预防电视机的危害

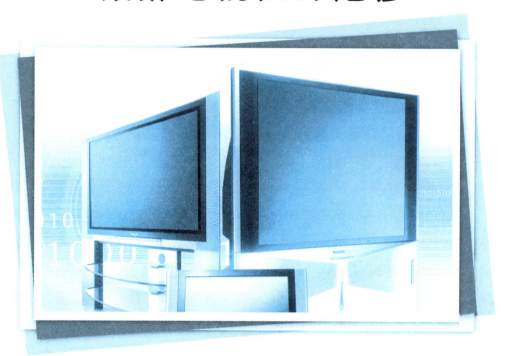

目前，电视机已经走进千家万户，成为现代家庭中最为普及的电器之一，它极大地方便了人们的生活和学习，给人们的生活带来了无穷的乐趣，可是，由于使用不当及缺乏自我保护意识，电视机也给人们的身体健康带来了许多危害，应该引起人们的注意。

长时间地收看电视，尤其是彩色电视节目，会对人的视力产生不利影响，可导致视力下降及各种眼病发生。看电视时，五彩缤纷的画面使人眼花缭乱，看的时间长了，眼球受彩色光波的刺激，往往会发生暂时性视力减退，会感到看东西模糊。据调查，如果连续收看4小时的电视，人的视力就会暂时减退30%。长期下去就会使视力明显下降。

据报道，一些国家冬季流行一种干眼病，出现眼痛、眼内干涩不适、有异物感等症状，其原因就与看电视有关。这是因为眼泪的分泌同眨眼次数相关。眨眼次数越多，眼泪分泌量就越多，反之则少。收看电视时，长时间注视屏幕，目不转睛，很少眨眼，加之冬季气候干燥，已减少的泪液又很快蒸发，这样就会破坏滋润眼球的泪膜的形成。而泪膜具有滋养、保护角膜等功能和屈光作用。眨眼次数的减少和干燥的天气，影响泪膜的形成，使角膜失去泪膜的保护，导致干眼病的发生。

电视机工作时要放出大量的射线，这些射线会对人体细胞，甚至染色体造成危害，尤其是当人们长时间、近距离观看电视时，危害较大。美国有一项统计报道，在某贸易公司的18名在彩电荧幕前工作的孕妇，在2年间有7人流产，1人早产，3人产下畸形儿，其原因主要与彩电放出的x射线有关。所以，科学家们一再呼吁，看电视时最好离电视2米以外，孕妇为了胎儿的健康，不要看电视。

电视机工作时还会在其附近产生大量的静电荷，它们可使空气中的微生物和变态粒子黏附在人的脸部皮肤上，长出难看的黑色斑疹，影响人的形象，有人称之为"电视斑疹"。因此，看电视结束，一定要洗脸，以避免黑色斑疹的发生。

长时间看电视，还会损耗大量的维生素A，引起眼疲劳、尾骨痛、头痛、神经紧张、消化不良和身体疲乏等，从而危害健康。

预防电视机带来的危害，为了保护人体健康，人们在收看电视时，应注意控制看电视的时间，尤其儿童看电视时间不宜过长；应坐在距电视机2米以外的地方收看；同时调整电视屏幕，使之亮度适中，光线柔和，色彩不要太浓；还要调节饮食，多吃些含维生素A的食物；看完电视后及时洗去脸上的灰尘。此外，科学家发明了"视保屏"，在电视机前安放了视保屏，可以保护眼睛，保护人体少受损害。

ok

医院污水的治理

　　医院污水会对水体和环境造成严重的污染，对人体健康带来极大的危害，因此，必须加强医院污水的治理。

　　医院污水排放时，必须进行认真处理。一般地说，医院污水的处理方法分为一级处理和二级处理两种。一级处理主要是用物理的方法，对污水进行过滤和沉淀，除去污水里漂浮和悬浮的污染物质，使污水得到初步净化。二级处理，也称生物处理法。就是通过微生物对污水中的溶解性有机物和胶体物进行氧化、还原和合成等过程，把有机物氧化成简单的无机物，使有害物质变成无害物质。

　　在实际工作中，究竟应选择哪一种方法处理污水，应根据污水的成分及各有害成分的含量不同，选择适当的处理方法：污水污染比较轻的，处理方法就可以简单一些，污染比较重的，处理方法就要复杂

一些。另外还要特别注意污水排放的去向。排放的去向不同，处理的要求也不大相同。比如，排放到城市下水道的污水，就可以处理得简单一些。因为这些污水还要和城市污水相汇合后再进一步在城市污水厂得到处理。如果是排向海洋的污水，也可以采用简单的一级处理方法，因为海洋水量很大，具有极强的自净能力，而医院污水的水量很小，排入海洋后会被海水稀释和净化，一般不会造成危害。但是，如果污水排入生活饮用水源、淡水养殖场或者游泳场等水体，就必须采用复杂的处理方法，而且还要进行严格的消毒。目前，医院污水的消毒方法主要有氯化法、次氯酸钠法、氯片法和臭氧法四种。

氯化法是采用液氯作为消毒剂，杀死污水中的细菌和病毒。这种方法的杀菌效果好，成本也很低，是一种比较成熟的消毒方法，为大多数医院所采用。但是氯气是一种剧毒气体，如果发生跑氯和漏氯现象，就会使人中毒，因此使用这种办法时必须严加管理。次氯酸钠消毒法是把食盐电解成次氯酸钠作为消毒剂。这种方法安全可靠，成本也比较低。不过，在电解次氯酸钠时，需要制备大量的盐水，劳动强度大，工艺也比较复杂，所以只适合于中小型医院使用。在一些小型医院和门诊部，可以采用氯片消毒法来处理污水。氯片是用含有效氯65%左右的漂粉精制成的，当医院的污水通过装有氯片的消毒器时，氯片便溶解而产生消毒灭菌作用，水量大的时候，氯片溶解量也大，水量小的时候，氯片的溶解量也小。这样，无论水量大小，都可以达到消毒灭菌效果。这种方法简便易行，但成本高，只在一些污水量小的医院使用。近年来，一些医院开始采用臭氧消毒法处理医院污水，臭氧是一种很强的氧化剂和高效杀菌消毒剂，它能够迅速消灭抗氯性比较强的芽孢和病毒。但是，使用这种办法处理污水耗电量大，成本较高，所以还没有广泛使用。

让绿色拥抱城市

　　城市人口集中，建筑密集，大气污染、噪音污染比较严重。怎么办？只有在城市里大力开展绿化，植树、栽花、种草，让绿色拥抱城市，才能改善城市的生态环境。

　　用绿色植物改善城市环境是行之有效的方法，世界上许多城市已经取得了成功的经验。如华沙、堪培拉等名城，平均人均绿地面积高达 70 平方米，不仅城市空气新鲜，而且环境十分优美，被人们誉为绿色之城。这是因为绿色植物不仅能吸收二氧化碳，放出大量氧气，还具有吸毒、除尘、杀菌、减噪、防风、蓄水及调节小气候，美化市容等多种作用。

　　绿色植物能更新城市空气，它在光合作用时，吸收二氧化碳，放出氧气，据测定，10 平方米的森林可以把一个人一昼夜呼出的二氧化碳全部吸收，并供给需要的氧气；而 25 平方米的草坪，也会起到同样的作用。

　　城市绿化对城市空气的净化作用更为明显。一些植物能分泌杀菌素，将飘浮在空气中的细菌杀死。植物枝叶茂密，能起到阻挡灰尘的作用，有些植物的叶子表面有许多气孔、绒毛及其分泌的黏液，能吸附或粘住大量的尘埃。草地覆盖地面，还能防止尘土飞扬，自然也减少了空气中的细菌和灰尘。经测试，在基本无绿化的城市街道上空，每立方米空气中含44 000多个细菌；而在绿地上空，每立方米空气中只含有600多个细菌。667平方米树林每年吸附的灰尘可达60多吨，城市无绿化的区域与有绿化的区域相比，空气中的灰尘要多15倍左右。

　　绿化植物消除城市噪音的作用也很明显，植物的茎叶表面粗糙不平，叶子上有大量微小的气孔和绒毛，像凹凸不平的吸音器材，具有良好的消音效果，因此在城市中的林荫大道上往往比较宁静。

　　绿化植物还能调节居住区的局部小气候。由于植物的蒸腾作用，能产生吸热、降温，增加空气湿度的效果。据测定，1万平方千米绿地的降温效果，相当于500台空调机。所以春夏期间人们踏着草地散步，会有一种清新凉爽的感觉。

　　绿色植物还是城市污染的监测器。许多植物对工厂排放的污染物质十分敏感，在污染量很少时就能表现出受害的症状，而此时，人还一点都感觉不到呢。绿地还能净化流过地面的污水，使泾流污水中的污染物明显得到净化。

　　绿化植物美化市容、美化环境的作用是人所共知的。绿化植物是以绿色为基调的五颜六色， 春天的花，夏天的绿，无不展示其丽姿，为城市增添自然美，给人以美的感觉、美的享受。中国著名的旅游城市苏州，就是以其众多巧夺天工、绿意盎然的园林著称于世。

旅游污染和生态旅游

144

旅游业向来被称为一本万利的"无烟工业",因为旅游业既能增加国民收入,又不会像发展工业那样污染环境。其实不然,随着旅游业的不断扩大,同样带来了一系列的环境污染。

在旅游建设发展中,不合理的开发建设往往会造成环境公害。如因建园林亭台楼阁、云墙假山等旅游设施,若不注意环境保护,就会破坏旅游区内生态环境的自然调控能力,破坏自然景观。

旅游景点都有一定的承载量。但是,现在有许多旅游景点只图经济效益,只顾增加旅游收入,大大增加游客量,尤其是在旅游旺季或节假日时的一些著名旅游景点,游客蜂拥而至,拥挤不堪,不仅影响游客的人身安全,而且造成环境污染。据统计,1994年全世界出国旅游人数达5.284亿人,这就意味着在全球平均每天有145万人在进行旅行,仅旅客运输来看，汽车、火车、飞机、轮船等频繁往来，就会给环境带来大量的污染。

在一些海边、江湾等旅游景点，昔日曾是松软迷人的白沙滩，可是近年来，随着旅游事业的开发和发展，越来越多的游客践踏，并乱扔下各种废弃物质，渐渐使之变黑变硬，沙滩上的垃圾、死畜、污水随处可见，海面上废物、油污随波漂浮，这不但破坏了旅游景观，而且还影响了附近居民的生活和淡水养殖生产。

随着旅游景点的开放，有可能把一个地区的地方病传播到另一个地区，甚至把一个国家的传染性疾病，输入到另一个国家。如一些染上爱滋病的吸毒者，常把注射毒品的注射器遗弃在海滩、公园等地方，致使许多儿童玩耍时遭到针头的扎刺而染上艾滋病。因游客繁杂，许多海滩浴场、游泳池、公共浴所居然成了传播疾病的危险之地。

野炊，一直是深受旅游者喜爱的项目，可是在野炊过程中，常常是植物被践踏、焚烧或破坏，野餐后留下的大量残余物严重地污染了空气和水域；其中玻璃屑、塑料制品又是自然界中难以化解的污染物质，造成的污染短时期难以消除，危害较大。旅游业还使一些珍稀动物惨遭乱捕滥杀，从而威胁着某些珍稀动物的生存。

基于旅游业对环境造成的破坏，近年来一些国家和地区相继开展了“无污染旅游”。

近年来人们又提出了“生态旅游”。生态旅游是在不损害野生动植物、不危害环境、不破坏人文古迹的条件下，让人们投身自然、回归自然、欣赏自然景观，领略自然风光，享受自然乐趣，从而使人们既获得了知识，陶冶了情趣，又增强了保护自然的责任感，保护了旅游资源。如今，在许多国家，生态旅游已成为一种新时尚。

第四章　保护生产环境

人类衣食住行所需的全部物质，都取自环境，而人类生产和生活过程中所产生的各种废物、排泄物，又都全部地返回到环境中去。人类的生产活动是伴随着适应环境、改造环境而发展起来的。人类的生产活动也无时无刻不在影响着环境，改变着环境，在创造巨大物质财富的同时，也带来了相应的环境问题。

自20世纪初以来，特别是二次世界大战之后，科学、工业、交通都得到了突飞猛进的发展，许多国家普遍出现范围更大，情况更加严重的污染，酿成了世界性的社会公害，严重威胁着人类的生存。美国洛杉矶烟雾事件，英国伦敦烟雾事件，日本水俣病事件、骨痛病事件、哮喘病事件等重大公害事件都起源于工业污染。原子能利用和核动力的发展带来了放射性污染，尤其是切尔诺贝利核电站泄漏事故令举世为之震惊。南极臭氧空洞的出现、地球变暖的迹象更是令人们焦虑不安。农药化肥的出现也给环境造成了严重的污染。

航行在世界各大洋和近岸海域的各种油轮，因为触礁、碰撞和失火等，会把所载石油部分或全部倾入海洋，造成海洋石油污染，给所在海域生物带来灭顶之灾，给沿岸国家造成巨大损失。

由于人口的增长，工业用水及农田灌溉的大量用水，使水资源的消耗达到惊人的程度，水体的污染又使可用水数量不断减少，因此水资源已出现严重危机。许多地区用水现已成了问题，世界上已有许多城市闹水荒。这成为一个极为重要的环境问题。

此外由于砍伐森林，开垦草原，过度放牧，土地的不合理利用，导致的水土流失、土地荒漠化等问题也在日益加剧。

人们已经发现，清洁的环境越来越少，连远在南极的企鹅体内都出现了滴滴涕污染。清洁的空气要到遥远的天边去借，清澈的流水已成为梦影，噪音扰得居民昼夜不宁，癌症患者日益增多。有些地方不再有绵绵"甘露"，代之而来的却是瘟疫般的酸雨。面对现实，人们不得不承认，环境污染已成为全球性的大问题。一些科学家和学者也纷纷著书撰文，大声疾呼"只有一个地球"，"保护人类的家园"。当然我们人类不会因为影响环境而停止生产活动，因为人类的生存和发展离不开生产。可是我们可以大力发展无污染的清洁生产，可以不进行严重污染的生产活动，可以采取积极有效的措施尽可能地减少污染物的排放，从而改善环境，这些都是能够办得到的，并且在有些方面已初见成效。相信在全人类的共同努力下，我们会在发展生产的同时使我们的生存环境变得越来越好。

绿色汽车

　　"绿色汽车"是环保汽车的美称。这种汽车几乎没有噪音，也不排放有害气体，不会污染环境，其他功能则和普通汽车一样。在环境问题日益引起国际社会密切关注的今天，为了让人类有更好的生存环境，各大汽车制造厂都在想方设法研制绿色汽车。

　　绿色汽车的核心与关键是采用一种完全不同于传统的发动机。这就需要用最新的科技成果 来改造发动机，并采用新型燃料代替汽油柴油。英国无污染公司研制的绿色汽车已经行驶在伦敦街头，这种汽车的发动机以碱性电池驱动，它既可以产生能量，也能储存能量。其工作原理和工作方式是：如果你在水中通电，就可以得到氢和氧；反之，如果你把氢和氧放在一起，就可以得到电和水。氢来自高压电瓶，氧取自于空气。由于不发生燃烧，排出的唯一气体是水蒸气。所以这种汽车的发动机乃至整个车身，看上去十分清洁。这种汽车问世后，受到人们的欢迎，很多汽车公司纷纷效法，也相继推出了各自的环保汽车。如宝马公司一直致力于清洁燃料汽车的开发研制，其研制的宝马3200和5239均为双燃料汽车，既能采用天然气，又可以汽油为动力。当采用天然气做燃料时，二氧化碳排放量比燃料电池低10%，在夏天，烟雾排放量可减少95%，大大减少了对环境的污染。

近年来，随着电子控制、特种电机、高效电池等最新科技成果的应用，研制出高效、节能、低噪音、无污染的新型电动汽车。1999年北京国际电动车展览会上，一辆辆外观新颖的电动车闪亮登场，使人们大开眼界。新型电动汽车是集新能源、新材料和环保等特点于一身的新型汽车，它在运行中停车不消耗能量，也不排放有害气体；在刹车过程中，电动机自动转化为发电机，产生给蓄电池充电的能量。目前世界上一些著名公司通用、福特、雷诺、奔驰、丰田、尼桑等均已研制出新一代电动汽车，并进入实用阶段。

太阳能是诸能源中最清洁的能源，因此太阳能汽车也是绿色汽车发展的目标之一。挪威、德国、英国、美国通用汽车公司研制的太阳能汽车平均时速都能够达到50～75千米；日本开发的新一代太阳能汽车，即使在夜间或阴雨天也保证汽车正常使用，平均时速高达140千米。随着科技的发展，太阳能汽车将越来越多，产品将丰富多样，发挥越来越重要的作用。

汽车在给人们带来舒适、快捷、方便的同时，也消耗了大量的能源，并给环境造成大量污染。绿色汽车的产生，有效地解决了普通汽车给人们带来的难题。它标志着汽车行业的发展趋势，是21世纪理想的清洁交通工具。

生态建筑

　　随着世界环境污染的日益严重，人们回归自然的愿望越来越强烈，尤其是久居城市的人们，更希望能到郊外去呼吸一下新鲜空气，领略一下自然风光。当然，如果置身室内就如身处自然一样，那就更是人们所求之不得的。为了迎合人们的需求，一种新一代的建筑——生态建筑应运而生，它恰恰满足了人们回归自然的美好愿望。

　　生态建筑不使用工业社会带给我们的一系列化学墙体材料，因为许多工业建材，尤其是一些化工涂料往往含有一些挥发性有毒物质，严重危及室内人员的身体健康。为此，生态建筑完全以木材、毛竹、泥土、石头、草等无污染的天然物质为原料，这样不仅可以巧妙地利用自然资源，而且不会带来任何环境污染。

　　生态建筑结构的设计，密切地结合当地的自然条件，在节省资源和能源、降低造价和居住费用等方面都有充分的考虑。在阳光较强且炎热的地方，深屋檐和凹进的窗户可以使建筑物避开阳光；在较冷的地方，可在窗子上安装反射器使阳光折射到建筑物深处，使人能在建筑物中享受较多的阳光；一些降雨较多的地方，可用简单的装置储存雨水，用来冲刷厕所；而缺水的地方，可将浴缸和洗涤用的脏水送至抽水马桶，可以节省大量水资源；还可以将室内的电气设备换成太阳能设备，同时还可以用太阳能电池给室内的设备供应能量。机械设备的减少使人们的生活环境变得简单而舒适，节省了大量资源，减少了环境污染。

许多国家，尤其是一些发达国家对生态建筑十分重视，如美国、日本、英国、荷兰等国都纷纷开展生态建筑计划。

英国有一所大学设计并建造了一种生态住宅。这种四居室的住房隔热性能特别优良，家庭用电依靠安装在花园凉亭上的风力发电机和太阳能电池来提供。用的水是屋檐流下的雨水，蓄存在地下室，使用前用沙床过滤。粪便和污水则流入堆肥坑，经发酵提供给花园施肥。

美国芝加哥建成一座雄伟壮观的生态大楼。楼内无砖墙、板壁，而是在应设置墙壁的地方种植植物，把每个房间隔开，人们称之为"植物墙"。这种生态型植物建筑的施工并不复杂，就地取材，以树木为主材，采用经过规整的活树木来"顶梁"、"代柱"和替代墙体，应用流行"弯折法"和"连接法"，建造出许多构思巧妙、造型新奇的住宅和办公楼。人们生活在这种建筑里，树木葱郁、绿草如茵，空气清新，景色宜人，仿佛置身于绿色的大自然中。

生态建筑已经走入我们的生活，走入繁华的城市，相信在不久的将来会有更多奇妙的生态建筑出现在我们的面前。

绿色食品

　　绿色食品并非指绿颜色的食品，而是指经过专门机构认定，允许使用绿色食品标志的无污染的安全营养型食品。

　　绿色食品是一种出自最佳生态环境的无公害食品，它是农业、畜牧业、环境保护、营养、卫生各门科学相结合的产物。绿色食品不含任何农药残留、重金属和其他对人体有害的物质，是一种"吃之安全"、"绝对放心"的营养食品。作为绿色食品，必须满足以下条件：

　　原料产地必须具有良好的生态环境，即各种有害物的残留水平符合国家规定的允许标准。

　　原料作物的栽培管理必须遵循一般的技术操作规程，化肥、农药、植物生长调节剂等的品种、用法、用量和施用期等必须严格遵循国家制定的安全使用标准，为家畜、家禽提供的饲料必须符合国家规定的饲料标准。

生产、加工、包装、储运、销售等各环节，也必须符合国家食品卫生法。

最终产品必须经国家有关食品监测中心按国家食品卫生标准检验合格才可出售。

绿色食品的标志由太阳、绿叶、蓓蕾图案组成；太阳下绿叶托着一枝绿芽。它为正圆形，由三部分构成，上方的太阳，下方的叶片和中心的蓓蕾，描绘出一幅灿烂的阳光下作物茁壮成长的生机勃勃的景象。

绿色食品的生产需要一个全程质量控制，以确保生产出来的食品达到规定的标准。绿色食品产业首先以生态农业为基础，优化生态环境，改进耕作技术，合理配施肥料，使用优良品种是绿色产品生产的首要问题。从生态农业生产中，获得最初的绿色食品，如绿色粮食、绿色蔬菜、绿色水果等等。如泰国生产的优质、无化学污染的香稻，这种香稻规定在收获期内不准使用化肥和农药，其中化学物质含量很低，在国际市场上很受欢迎。

食品添加剂的研制和生产，对食品的加工贮存及风味的改善等方面起着重要作用，同时对人体健康影响也很大。绿色食品对添加剂有严格的要求。因此，绿色食品工业必须研究和开发出安全无毒的食品添加剂。中国陕西省研制成功一种绿色食品添加剂，在食品工业中享有盛名，这种添加剂采用优质亚麻籽为原料精制而成，在食品工业中可用做增稠剂、黏合剂、稳定剂和多泡剂等。

食品的包装也很重要，它可影响到食品的品质、风味和成色，甚至会影响人们的健康和造成环境污染。绿色食品必须采用绿色包装，如把塑料包装改成纸包装，或采用可食用的以淀粉为主要原料的包装等环保型包装。

绿色包装

　　在现代商品社会中,产品的包装显得越来越重要,好的包装不仅能美化商品,而且起到广告和促销的作用。为此,制造商们不惜重金为商品乔装打扮。然而,再漂亮的外衣用过之后,也会变成垃圾,特别是被人们称之为"白色污染"的各种塑料垃圾,大有泛滥成灾之势,成为污染环境的一大公害。据统计,中国每年废弃的塑料包装物高达300多万吨,并呈逐年上升趋势。以致于在许多城市的垃圾堆、卫生死角及街道上,到处都是塑料袋,大风吹来,各色塑料袋漫天飞舞。令人可憎的是这些难以回收利用的塑料即使深埋地下上百年也不会降解消失,对生态环境构成严重威胁。要想科学地解决白色污染,最好的办法就是发展"绿色包装"。绿色包装是指可以回收利用,具有环保功能的包装。面对要求绿色包装的呼声,人们开始寻找和开发新的包装材料,各个国家也都纷纷采取了有效的措施。

德国为了实施绿色包装，专门制定了减少包装废料的法规，以法律的形式来保证绿色包装工作的实施。

瑞典人经过10年的研究和实验后，发明了利乐砖无菌纸盒包装。采用这种包装的牛奶、果汁、饮料等无需冷藏便可保鲜半年。其回收后可制成彩乐板，彩乐板可做装饰材料、家具玩具等。这种包装受到人们的普遍欢迎，已成为欧洲液体食品包装的主流。瑞典利乐拉伐食品机械公司还开发了一种新的绿色包装材料，它采用碳酸钙代替塑料，对环境几乎没有危害，能反复利用，并能在自然光下降解。

一些厂家也大力发展纸包装，用纸包装代替塑料。著名的麦当劳店家改用蜡纸包装代替原泡沫塑料包装，不仅美观，而且不会造成污染。

中国也非常重视绿色包装，国家环保局等部门在北京等地大力推行可降解塑料袋等制品，这种塑料具有可控制的使用寿命，在使用期限内保持应有的性能，一旦废弃在自然环境中就会自动分解，变成对环境无害的水和二氧化碳等分子。上海嘉宝包装公司引进先进设备研制成纸浆模型制品，这种产品采用天然植物纤维，如芦苇浆、蔗渣浆、木浆等为原料，经科学配方，模压成型而制成。它是代替泡沫塑料餐具的理想产品，具有无毒、耐水、耐油、用后可回收也可自行降解等优点。

绿色包装势在必行。相信由于绿色包装的推广，会对防止环境污染、改善环境起到重要作用。

绿色纺织品

　　随着绿色食品的出现，消费者不仅要求食品是绿色的、无污染的，而且要求自己的衣食住行都要不受污染。因此，绿色纺织品也成为新的时尚。

　　绿色纺织品作为一种对环境无污染、对人体健康不会产生影响的纺织品，受到人们的格外关注，是众多纺织品中最受消费者青睐的产品，纺织工业界也正在致力于生产各种绿色纺织品以满足消费者对其日益增长的需求。

　　目前，美国、西欧、日本等发达国家已经越来越多地采用有利于生态环境的纺织纤维和纺织生产来制造无污染的绿色纺织品。例如在天然纤维中，扩大有机棉、彩色棉的种植，重新选择大麻纤维作为纺织原材，在化学纤维中，采用溶剂法纤维素纤维及再生涤纶纤维，在染整工艺中采用无污染的染料等。

绿色纺织品的"绿"贯穿于整个生产过程中，尤其是在原料和染料的选取中，必须达到减少环境污染、对人体无害的要求，不仅节省原材料，节省能源，而且穿起来还要舒适、美观。

绿色纺织品采用的有利于生态环境的纺织纤维主要有有机棉、天然彩色棉、纤维素纤维和无染色羊毛。

有机棉就是在棉花生长过程中，不使用各种化学代替品，如农药等，也不能使用含有毒物质的污水灌溉。在地下水、土地中等不存在有害化学残留物，不会给环境带来污染。

天然彩色棉是一种特殊繁殖的棉花品种，在棉花的梗颈上产生彩色纤维，因此可取消棉织物和染色过程，有利于减少污染。

纤维素纤维由木浆和再生化学品溶液制成，用该纤维制成的纺织品毛纤维含量高、缩水小、易于水洗，并且色彩鲜艳，穿着舒适。

无染色羊毛就是对羊毛不进行任何染色加工，按羊毛的原色直接制成纺织物。

在传统的纺织品生产过程中，染整工艺是环境污染物产生的一个重要阶段，特别是一些化学染料中常含有许多污染物质，所以在绿色纺织品的染整工艺中应使用天然染料、水溶性染料和低污染的染料，以便减少污染。

天然染料是一种来源于天然成分的染料，如干果、树皮等天然有机材料，其中含铜等金属的量比传统染料少得多，对环境影响较小。水溶性染料在生产过程中，有害气体释放少，在清洗时用水少，并且其废水容易处理，生产成本低。低污染染料主要指植物染料和低硫化染料，用于染整之后，排出物中几乎不含染料废物，从而减少了环境污染。

生态农业

　　生态农业就是根据生态学的理论，充分利用自然条件，在某一特定的区域内建立起来的农业生产体系。在这个系统内，因地制宜合理安排农业生产布局和产品结构，投入最少的资源和能源，取得尽可能多的产品产量，保持生态的相对平衡，实现生产全面协调地发展。

　　生态农业的实质就是因地制宜地利用各种不同的技术，来提高太阳能的利用率、生物能的转化率和废弃物的再循环率，合理配置生产结构，使农、林、牧、渔业以及加工业、运输业、商业等等得到全面的发展，在取得经济效益的同时，取得良好的环境效益和社会效益。

　　生态农业作为一种优秀的农业生产模式，受到世界许多国家的广泛关注。自20世纪60年代以来，英国、美国、菲律宾、日本等国家都致力于这方面的研究和试验，并相继建立了一些典型的生态农场，取得了很好的综合效益，积累了大量的经验。如英国的密尔通·考特生态农场、美国罗代尔生态农场、菲律宾马雅生态农场等。

菲律宾马尼拉附近的马雅农场是生态农场中最杰出的代表。被普遍认为是充分利用能源、发展农业、保护环境、维持生态平衡的典范。这个农场是一个既有农业、林业，又有猪、牛、鸭、鱼等养殖业和各种食品加工业的综合农场。整个农场占地0.36平方千米，主要种植水稻和蔬菜，还有一片森林，养猪25万头、牛700头、鸭1万多只，还有面粉加工厂、肉类加工厂和罐头厂各一座。农作物的秸杆、树叶，面粉厂的麸皮等作为牲畜的饲料，动物粪便和肉类加工厂的废水送往沼气池，经微生物作用产生沼气，用于发电和作为燃料。沼气池中的残渣经处理后分别做饲料和肥料。这样既能够使生物能获得充分利用，降低了农业成本，又能控制有机废物对环境的污染，改善了生态环境。

中国珠江三角洲地区的桑基鱼塘也是一个典型的生态农业。其具体做法是：在鱼塘四周种桑，以桑养蚕，蚕蛹、蚕粪下塘养鱼；种植甘蔗，榨糖，用蔗叶养猪，用猪粪养鱼；含有大量鱼类排泄物的塘泥用做种植桑树、甘蔗的肥料。1976年以后，又发展了沼气，沼气渣既用做肥料，又做鱼饲料，还可用来培育蘑菇。形成了一个良好的生态循环。

近50年来，世界上越来越多的农业专家与政府，都在积极倡导减少化肥和农药的施用，多施用有机肥，发展生物肥，兴起农业的“绿色革命”。中国生物肥料的生产应用走在世界前列，涌现了一大批先进的生物肥料成果。如“肥力高”、“绿源”、“绿灵宝”、“保丰宝”、“FA旱地龙”、“绿环”、“抗旱剂1号”等等。

预防食品污染

食品是人类赖以生存的物质基础。常言道："民以食为天"，食品质量的好坏直接影响人体健康。品质良好，合乎卫生要求的食品，可以保证人体健康；反之，质量低劣，受到污染的食品，则会严重威胁人体健康，甚至使人害病致残，从而妨害人的工作与生活。

食品污染是指人们食用的各种食品，如粮食、水果、鱼、肉、蛋、糕点、罐头等，在生产、运输、包装、贮存、销售、烹调、食用过程中混进了有害有毒物质或者病菌。由于食品的形成过程复杂，中间环节多，周期长，其间各种有毒有害物质，随时可能乘虚而入，混进食品。例如环境污染物可污染农作物，粮食储存过程中发生霉变，食品加工工艺中添加的物质，运输和销售中接触的各种有害物质等。所以食品污染的途径很多，稍有疏忽，就会造成污染。

　　显而易见，食物主要来源于植物，而植物生长于土地并需要水和空气，因而土地、空气和水的污染必然会导致植物产品的污染，进而导致食物污染，危及人体健康。

　　农药是农田的"守护神"。农业生产中为了消灭病虫害，常常向农田施用大量的农药。但是，农药往往残留在粮食或蔬菜里。据美国对360种农牧产品进行的化验，结果发现含滴滴涕的有159种，含狄氏剂的有56种，含六六六的有55种，这些都是由于使用农药造成的污染。

　　种类繁多的化学污染物还通过灌溉、雨水、尘降、气体交换、固体废物弃置等各种途径进入土壤、作物、粮食中，或者通过水体进入鱼虾体内。如湖北鸭儿湖中受污染的鱼曾造成数人中毒。

　　在食品的加工或烹调过程中可使一些污染物加入于食品中去。很早以前，人们就注意到海岛居民多发胃癌，究其原因，是由于岛民常食烟熏食品造成的。加热是食品加工的主要方法，蛋白质、脂肪和碳水化合物等加热后，会产生一种致癌物——苯并芘。烹调是赋予食品"色、香、味"的重要手段，但烹调可使蛋白质等游离出氨基酸和二级胺，从而易与亚硝酸盐发生作用，生成致癌的亚硝胺。

　　粮食或加工食品在储存过程中，可因防虫灭菌需用一些有毒药剂熏蒸而造成污染，更可能因霉变而污染。鸡蛋变臭、蔬菜烂掉等主要是细菌、真菌在起作用。现在已知，一部分霉菌能产生剧毒的霉菌毒素，如黄曲霉毒素毒性很强，食品被它污染后，若被动物食用可致癌。

　　此外，有些食品污染是意外事故造成的，如日本的"森永奶粉事件"就是在生产奶粉过程中，混入了剧毒的砷，造成12 000多人中毒，128人因脑麻痹而死亡。

谨防食品添加剂的污染

在食品的生产、加工、包装、贮存等过程中，为了保持食品的营养，防止腐败变质，改善食品的质量，常人为地加入各种天然或人工合成的添加料，这些添加料统称为食品添加剂。

食品添加剂是食品的重要成分之一，它对于改善食品贮存和增强食品的色、香、味方面具有重要作用。如为了使食品呈现各种美观的色泽，需要添加色素；要使食品具有人们所喜欢的甜、酸、苦、辣和清凉美味，就要加入各种调味品；要吃得香，就要添加香精、香料等；为了阻止食品释放水分，则需使用保水剂；为使食物营养保持稳定、不变质，则要加入少量氧化剂和防腐剂等。

近几十年来，食品加工业有了很大发展，食品种类不断增多，食品添加剂的用量也不断增加。经研究人员试验，发现大多数天然物质无毒或毒性较小，而许多合成的添加剂常成分不纯，甚至含有少量有害物质，尤其是过量使用时会污染食品，对人体产生毒害作用。更有少部分添加剂对人体危害较大，现已禁止使用。

近年来，滥用食品添加剂对食品造成的污染问题日益严重。一些食品制造商为了追求"色、香、味"，借以招揽顾客，扩大销路，获取高额利润，不按规定的标准任意滥用添加剂，有的甚至还使用被禁止的有毒添加剂；有的误将有毒成分混进添加剂，间接污染食品，使食用者中毒；另外还有一些原来认为"无毒"的添加剂，实际上具有慢性毒性，将其加入食品，供应市场，人们长期食用也会慢性中毒。

需用色素时，要大力提倡使用天然色素，因为天然色素一般无毒，如胡萝卜素、叶绿素、核黄素等。而以煤焦油为原料合成的色素毒性较大，目前允许使用的只有苋菜红、胭脂红、柠檬黄、靛蓝四种，且规定前两种每千克食品不超过 0.05 克，后两种每千克不超过 0.1 毫克 。

味精是最常用的调味品，它的化学名称叫谷氨酸钠。它的使用能提高烹调风味、促进食欲、帮助消化。食用少量味精对人体是无害的，但用量过多，成人每天摄取味精量若超过 6 克，就会使人感到不适，出现头痛、眩晕等症状。近来的研究发现味精还能损伤幼儿的大脑，因此幼儿不宜多吃味精。

糖精是人所共知的甜味剂，从化学结构看，它是安息香酸的亚磺化物，甜度约为砂糖的 550 倍，但过量使用对人体有害。中国规定糖精的最大使用量为 0.15 克／千克，各种婴儿食品中禁止添加糖精。

生产火腿、香肠等食品时，加入硝酸盐及亚硝酸盐做发色剂，可使肉制品呈现鲜艳的红色，还能抑制肉毒杆菌。但过量会对人体有害。

合理使用农药

　　农药是指用来防治农作物及农副产品的病虫害、杂草及其他有害生物的药剂的总称，主要包括杀虫剂、除草剂、杀菌剂等。实践表明，合理使用农药是保证农业生产获得丰收的一项重要措施。

　　我们知道，虫害、病害和杂草是农业生产的三个大敌。据不完全统计，现已发现的真菌有5万种，它能引起150余种病害；全世界有3万种杂草，其中有1800余种可造成经济上的损失；地球上共有100万种昆虫，其中以植物为食的大约有5万种，专门吃庄稼的有1%，约500种。其中虫害对农业危害最大，虽然吃庄稼的害虫种类不很多，可它们都是大肚汉，吃起庄稼、果树、蔬菜来，饭量大得惊人。因此如果不使用农药，粮食的50%会被各种病虫害所吞噬。

　　因为病虫害对人类的害处很大，所以人类一直在想方设法消灭虫害。

人类和病虫害斗争的最有利的、最具杀伤力的武器就是农药。最早使用化学农药的是古希腊人，他们用硫黄灭虫，用盐除草，马哥索罗则曾把一种除虫菊中离析出来的东西作为农药由远东带入欧洲。此后农民开始用天然的有机化合物（菸碱硫酸和杂酚油）作为农药。1763年，法国人用烟草和石灰粉治蚜虫，1800年，美国人发现除虫菊粉杀灭虱、蚤，并于1828年将除虫菊花加工成防治害虫的杀虫粉。这类药剂的普遍使用，是早期农药发展历史的重大事件，至今仍有使用。

19世纪初到20世纪早期，用于农药的化学物质逐渐增加。1882年法国发现用硫酸铜与石灰水混液有防治葡萄霉病的效果，由此出现了波尔多液，并从1885年起作为保护性杀菌剂广泛应用。此后一些无机杀虫剂也开始使用。

1939年，瑞士科学家穆勒发明了滴滴涕，开始了人工合成化学农药的新时期。滴滴涕的使用证明效果良好，尤其是对热带海岛上的毒蚊，它使数以百万计的生灵不致因疟疾和黄热病而丧生，对有威胁性的斑疹伤寒的流行起到很好的抑制作用。从此农药的种类和数量迅速增加，在20世纪40年代初出现了滴滴涕、六六六等。第二次世界大战后，出现了有机磷类杀虫剂。50年代又发展了氨基甲酸脂类杀虫剂。这三类农药成了当时杀虫剂的三大支柱。此外有关杀菌剂、除草剂、植物生长调节剂等农药也得到了发展。

到20世纪70年代，世界农药产品已达1300余种。全世界农药生产迅速发展，产量猛增，1970年世界农药总产量刚刚达到120万吨，1975年达300万吨，到1980年已达400万吨以上。

农药生产和使用的迅速发展，对促进农业生产起了积极作用。全世界因施用农药可挽回粮食总收成的15％。据报道，在美国，不使用农药，农作物和畜产品产量将减少30％，农产品价格至少上涨50％～70％。

农药污染的防治

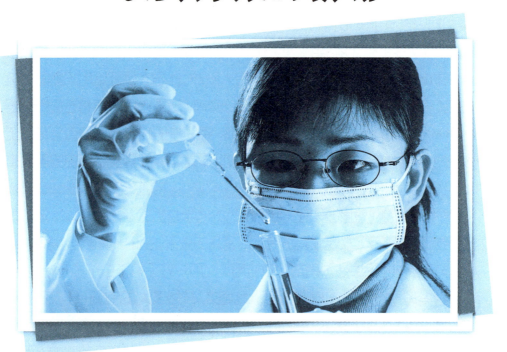

　　农药的大量使用，引起了不少问题，如作物受药害、农药残留对环境的污染、危害人体健康等等，已在许多国家造成农药公害。为此有些国家提出禁止使用一切化学农药，但是这是不现实的，在今后一段较长的时间内，农药对于保证农业增长丰收的积极作用仍是不可忽视的。面对既要广泛使用农药，又要防止农药对环境污染的现实，积极的态度是要采取一些行之有效的措施，使之达到既要防病治害，又不污染环境的两全其美的目的。为此可采取以下一些措施：

　　合理使用农药，提高农药的使用效果。化学农药种类众多，防治面广，各种农药性能不同，防治对象也不相同。因此，使用农药时要根据病虫发生的种类，科学合理地使用农药，包括合理选择农药品种，选择适当的药液浓度，合理选择施药次数、用量和面积，合理选择施药时间及合理选择施药方法等，同时要根据病虫发生种类，考虑合理的农药混用形式及不同农药的交替使用，这样不仅可以提高药效，而且能够减少环境污染、降低施药成本。

加强农药的科学管理。农药要实行严格的登记、审查手续，新农药在投产和使用之前均需对其理化性质、毒性、远期危害以及对生态系统的影响等进行全面严格的审查，合格者方可投产和使用，严禁乱造和滥用化学农药。要制定严格管理制度，杜绝在生产、包装、运输、装卸、储存和发放使用等各环节的中毒事故发生。

发展高效、低毒、低残留农药。化学农药的发展方向，是实现高效低毒化，用高效低毒和低残留的新化学农药来取代一些毒性大、稳定性强的化学农药，这是解决农药对环境污染的一项重要措施。

为了取代六六六、滴滴涕和1605，许多国家发展高效低毒有机磷和氨基甲酸脂类农药。这两类农药不但杀虫力强，使用面广，而且无残毒，使用安全，基本上可以解决主要作物主要害虫的防治问题。

推广综合防治病虫害的方法。除了化学农药以外，生物防治、物理防治、植物检疫、农业防治等措施都是防治农业病虫害的有效办法。

利用寄生物、病原菌、食虫昆虫来防治病虫害和杂草的方法在广大农村中早已使用，特别是培养害虫的"天敌"，以虫治虫的方法历来是一种常用的有效方法。

应用物理方法也是一种防治病虫害的途径。例如利用电离辐射使锥蝇、小实蝇、棉铃虫、苹小卷叶蛾等雄虫绝育，然后释放大量此类已无生育能力的雄虫，使之与雌虫交配，产生的卵不会发育，从而达到减少或消灭害虫之目的。此外，还可以采用诱杀法和激素防治等手段来治虫。

病虫害的生物防治

　　化学农药长期大量使用给人类带来的破坏作用逐渐显现出来，空气、水源、土壤和食物都受到了农药的污染，农药残毒积累在农畜和人体当中会引起中毒，全世界每年约有200万人因使用化学农药而中毒，其中大约有4万人死亡。并且，长期使用某些化学农药，已使一些害虫产生抗药性，有抗药性的害虫目前已有400余种。为此，科学家们一方面在研制高效、低毒、用后能很快分解的新型化学农药，同时也在注意寻找其他途径来防治病虫害。于是生物防治虫害的方法引起人们的广泛关注。

　　生物防治就是利用天敌防治有害生物群体。自然界中的每种害虫都有一种或几种天敌，利用它们可有效地抑制害虫的生长繁殖。这种方法自古就有，中国用生物防治害虫的历史可追溯到一千多年前的晋、唐时期，那时已有用放养黄蚁来防治柑橘害虫，并取得良好效果的记载。随着人们认识的深入，现在对生物防治的认识比前人深入得多。科学家认为，生物防治害虫是最有效的途径之一。这是因为有效的天敌种群一经建立，它们就会去找寻有害生物并消灭它们。只要这种情况不被人为破坏，有害生物就会被它们的天敌控制在低水平上，而且有害生物的天敌会与有害生物共同进化，有害生物不可能产生抗性。生物防治还不会产生不良的副作用，是一种非常有效的防治虫害的手段。

生物防治受到世界各国的极大重视，许多国家都广泛采用合乎自然规律的用生物防治害虫的办法，有的根据食物链原理，针对某种害虫引进专吃它们的天敌。如用七星瓢虫吃蚜虫，一只成虫一天可吃掉 100 多只，用大草蛉虫每只每天可吃 800 只棉蚜虫。中国科研人员利用柞蚕卵繁殖赤眼蜂，然后将赤眼蜂释放到大田中防治玉米螟，取得了很好的效果。赤眼蜂对棉铃虫和松毛虫的防治效果也相当有效。

如今，科学家利用生物遗传法在某些害虫的防治方面已取得了成功经验。如麦蝇是美国独立战争期间由雇佣军带入的一种昆虫，它传播到美国中西部地区后，成为小麦最严重的害虫。美国科学家培育出一种小麦品种，它含有对麦蝇幼虫有毒的成分。当麦蝇幼虫食用它的叶子时，就会中毒死亡，从而有效地防止了麦蝇的危害。遗传防治的另一方法是把致死基因引入有害生物群体，以达到控制它们的目的。美国科学家通过雄性不育技术，成功地控制了螺旋蛆蝇。美国农业部一专家研究发现，螺旋蛆蝇的雌蝇只交配一次，产卵后即死亡。他利用钴射线处理使雄蝇失去生育能力，然后大量放回野外，使它们和雌虫交配，雌虫因此产下不育的卵，很快就消灭了这种害虫。

生物防治具有成本低，无残毒，不污染环境，对人畜安全等诸多优点，因此很有发展前途，将会在防治病虫害方面发挥更大的作用。

ok

污水灌溉农田的利弊

　　污水灌溉有着悠久的历史，公元前的雅典以及古代的中国都曾利用污水灌溉农田。因为污水中含有许多植物生长所必需的养分，特别是氮、磷和钾，如城市污水中一般含氮15～16毫克／升，钾10～30毫克／升，磷9～18毫克／升，还有多种微量元素。因此用污水灌田既可以节约农业用水，同时还可促进农作物生长，起到一定的增产效果，并且它还是一种既经济而又节省能源的污水处理方法。

　　不过，污水灌溉农田虽有许多好处，但是目前人们仍不提倡用污水灌田，因为污水里往往含有各种有毒有害物质，在灌溉过程中这些有害物质会随同污水一起进入农田，沉积在土壤里，造成土壤污染，带来极大的危害。有毒物质先污染水体，再污染土壤，人们称为水污染型土壤污染。这在土壤污染中占相当大的比例。据报道，日本的土壤污染有80％是由于污水造成的。

污水主要来源于生活污水和工业废水，生活污水中可能含有病原体，如医院、生物制品厂等排放的污水。工业废水中常含有镉、铜、锌等金属，酚、氰化物及其他有机、无机化合物等有毒物质，它们进入农田，沉积于土壤中，以后被农作物吸收，残留于作物的茎、叶、果实和种子内，最后到达人体，危害人体健康。

在土壤重金属污染中，镉污染是最突出的。日本有43个地区，7500多万平方米的农田受到了镉的严重污染，1955年日本发生的"痛痛病"，就是因长期用冶炼厂的废水灌溉稻田，致使土壤和稻米含镉量增加，人食用后引起中毒而致病的。

污水中的铬及铬酸盐离子，浓度达5毫克／升时，即可对某些敏感植物造成伤害。六价铬和三价铬的毒性较大，动物食用含有六价和三价铬的植物，会使皮肤发生溃疡，并能在体内积累。

铜，本是植物生长所必需的一种元素，植物缺乏这种元素就会产生病状。不过一般土壤中并不缺铜，污水灌溉后，土壤中铜的含量过高就会产生危害。据试验，土壤含铜量每千克达80～100毫克就会引起农作物受害，土壤每千克含铜200毫克，小麦就要枯死；达到250毫克时，水稻也将枯死。

污水中含有某些有机物质，比如石油化工厂、焦化厂等排放的含酚、油、氰化物等的废水，也会使土壤受污染，影响作物的生长发育。当污水中酚的含量达200毫克／升以上时，水稻就会受害，棵小株矮，产量下降，并且酚还会在稻米中残留，使稻米品质变坏。

污水里漂浮的油进入农田时，这些油会附着在水稻植株或渗透到植物体内，直接影响水稻生长。

ok

利用微生物处理废水

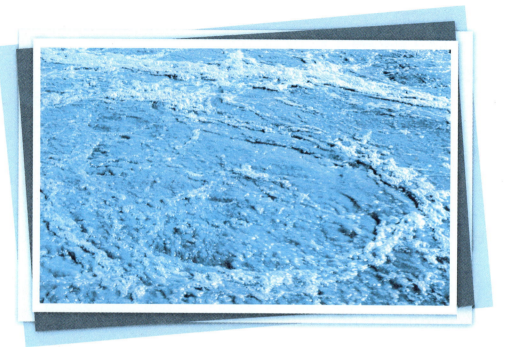

　　由于人类活动形成的大量废水不加任何处理就排入到地表水中，导致地表水体发生严重的污染，给人类环境带来了极为不利的影响。为了防止水污染，人们必须将排放的各种废水，进行必要的处理，使其中的大量污染物分离出来，或使之转化为无害物质，然后再排放到水体中去。

　　可是要处理巨量的废水可不是一件容易的事情。为此，人们想方设法来处理废水，其中有一种处理方法非常奇特，就是利用微生物来悄悄吃掉废水中的污染物质。用这种方法处理废水，所用设备简单，投资少，成本低，效率高，深受人们欢迎。

　　环境科学家通过对某些废水的研究发现，其中的一些污染物恰恰是微生物所需要的营养物质，如废水中的氮、磷等无机元素和大量的有机物等，都是微生物所必需的营养物，如果利用微生物来吃掉它们，岂不是两全其美吗？于是，利用微生物处理废水的方法应运而生。这些可以吃掉污染物质、净化废水的微生物种类有很多，主要有细菌、真菌、藻类、原生动物和一些小型的后生动物。

当水中有充足的氧和有机物时，存在于水中的微生物将大量繁殖，经过一段时间后，就会产生褐色的絮花物，称为活性污泥，其中繁殖着大量微生物。所以活性污泥就是由许许多多的细菌、真菌、原生动物、部分少量的后生动物等多种微生物组成的一个小小的生态系统。活性污泥中还含有一些无机物和分解中的有机物，微生物和有机物构成活性污泥的挥发性部分，它占全部活性污泥的70％以上。用来处理废水的微生物可根据所处理废水的性质和当地、当时的地理条件以及温度而异。活性污泥的培养也很简单，主要是控制这些微生物的生长温度，供给它们丰富的氧气和营养物质即可。

然后将活性污泥投入废水，并通入空气，使活性污泥分散开来，使之与废水充分接触，这些分散的小污泥经过一段时间之后，吃饱了，喝足了，活性便逐渐减弱，身体也随之变沉，慢慢沉淀下来。这些沉淀下来的污泥经过一定的处理之后，它们又重新处于饥饿状态，恢复其原有的活性，可以重新吃掉废水当中的营养元素和有机物质。这样不断循环下去，废水就可以得到有效的净化。

降低废气的排放

　　酸雨的危害由来已久，早在19世纪70年代英国科学家罗伯特·史密斯在英国工业城市曼彻斯特发现当地降落的沾满烟尘的黑色雨水带有较强的酸性，他在名著《化学气候学》中明确指出，工业污染会对雨水的酸度变化产生影响，并第一次将这种酸性降雨定名为"酸雨"。但是，史密斯的重要发现没有引起人们的重视，因为当时工业污染程度还很有限，酸雨的危害还不十分明显。

　　在史密斯发现酸雨40年后，科学家保罗·索伦森又一次证实了酸雨的存在，并且提出了测量酸雨的方法，但他的工作仍然没有引起关注。

　　又过了半个世纪，到了20世纪60年代，工业的发展使酸雨出现的次数更频繁，酸雨的酸性更强，危害更大，酸雨问题这才引起全世界的广泛关注。人们才开始对酸雨开展深入细致的研究。

1963年，美国康乃尔大学教授金·林肯斯率人对新罕布什尔州的哈伯河进行考察研究，发现当地降下酸度很高的雨水，淋到皮肤上使人感到蜇得发疼，眼睛等器官更觉得受刺激。这以后世界各工业发达国家都先后发现了酸雨的存在。1967年，瑞典科学家斯万特欧登在研究了各地降雨情况后首次发表了对酸雨认识的学术论文，指出酸雨对人类来说是一场化学战争，应把酸雨视为危害人类的化学武器。从此，世界各国的科学家和环境部门，把对酸雨的监测、研究和治理列入自己的工作日程。

研究表明：酸雨本质上是雨水中含有多种无机酸和有机酸，绝大部分是硫酸和硝酸，以硫酸为主。硫酸和硝酸的形成，是人类活动造成的大气污染的结果，是人为排放的二氧化硫和氮氧化物转化而成的。

人类进入工业社会以后，大批机器投入使用，大量的工厂竞相建立，一个个高大的烟囱不停地向空中喷云吐雾，每年把数以亿吨计的二氧化硫、氮氧化物、氯化氢及其他有机化合物排放到大气中。各种汽车、火车等交通工具的发动机在燃烧汽油的同时也把含有大量上述成分的废气排入空气中，造成大气的严重污染。据估计，由于人类活动世界上每年有2亿多吨含二氧化硫和氮氧化物的气体排放到大气之中。

进入到大气中的二氧化硫和氮氧化物等，在大气中与蒸汽结合变成硫酸和硝酸，其化学反应过程可大致表示如下：

$$2NO_2 + O_2 \rightarrow 2NO_2$$
$$2NO_2 + H_2O \rightarrow HNO_3 + HNO_2$$
$$2SO_2 + O_2 \rightarrow 2SO_3$$
$$SO_3 + H_2O \rightarrow H_2SO_4$$

一旦遇到降雨天气，它们便随同雨水飘落下来形成酸雨。带有酸雨的云还会随同强风一起传送到很远的地方。

矿山环境的恢复

　　煤炭、金属及非金属矿等矿山采掘工业，既为人们提供了大量矿产资源，但也导致自然景观的破坏。据统计，井下开采每万吨原煤造成的土地塌陷一般为1333～2000平方米，每开采1万吨铁矿，平均破坏土地333平方米，砖瓦行业每年破坏耕地6667万平方米左右。现在，中国采掘工业因挖损、塌陷、压占仍以200～267平方千米／年的速度增加，预计到2010年，每年将达333平方千米。

　　采掘工业，特别是露天开采，破坏了原来稳定的土壤和植被，引起水土流失；干涸的尾矿形成了人造"沙漠"，世界各国都有过惨痛的灾害实例。1955年，日本某煤矿一次暴雨形成的人工泥石流，造成370人伤亡；1966年英国一煤矿排土场滑坡，埋没了下游村镇，使100多人丧生。中国湖北某磷矿一次山体崩塌事故，掩埋了工业场地和居住区，死亡数百人。某铁矿1970年由于暴雨而发生泥石流，冲去6万立方米岩土，使修路民工数百人丧生。这些情况表明，如何使采掘工业破坏的自然景观，恢复到原始状态或可供利用的状态，成为人们普遍关注的问题。而复垦或造地复田，正是解决这一问题的有效措施。

工业发达国家在20世纪60年代末期，已经着手解决景观恢复的问题。美国从1977年到1987年的10年间，投资10亿美元，整治了5600处废弃矿场，复垦了200多平方千米土地，扑灭了240起矿山火灾，对450处土地滑坡进行了治理。

在中国，近年来制定的《环境保护法》、《矿产资源法》、《土地管理法》等法规，其中均有复垦的条文。据历史记载，早在汉代，浙江绍兴东湖的石材采场，经过千百年来一代代石工的采石，形成了一个悠深的水潭，清末开始筑堤蓄水，改造成为中国"第一盆景"。破坏了的自然景观终于恢复成有山有水的风景区。

为农业目的而重新利用被破坏的土地，一般采用工程措施和生物措施。对露天采场、尾矿场，用采掘剥离的废物充填平整，再覆盖一层0.1～2米厚的土壤层，然后在上面种植植物或农作物，用生物措施改良土壤，恢复土地的自然肥力。

为林业目的而重新利用被破坏的土地，一般采用工程措施。通常对矿石场、废石场进行平整工程，在露天采矿场修建梯田，然后覆盖土壤，种植树木。

为渔业目的而重新利用被破坏的土地，是在具备良好的水文地质和蓄水条件，以及具有适合养鱼水质的露天采场或采煤塌陷地，建设起水库，进行蓄水养鱼。

建设侵占土地不容忽视

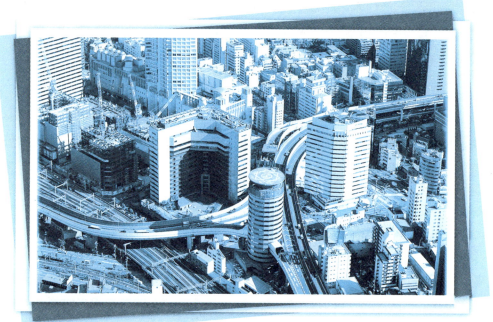

　　土地是有限的,而且是不能再生的资源,就它同人类的关系而言,是无可替代的,一直被视为人类的命根子。然而可怕的是,这种宝贵资源正在受到无情的吞噬。

　　随着生产的发展,对土地的需求在日益增加。扩建城市,开发矿山,修筑道路,建设工厂和住房,都要占去大片的土地。如美国飞机场占地达8000平方千米,军事占地10万平方千米。据统计,仅在1965年至1970年5年间,美国仅采煤就破坏了1200平方千米表土,露天采矿毁地1.4万多平方千米,占地达1万平方千米。世界上其他国家的情况也与美国不相上下。日本国土面积小,土地珍贵,但在20世纪60年代,因建筑、开矿、建工厂、修公路等占去其全部耕地的7%以上,这一时期,加拿大损失土地达8000平方千米。

近年来，城市化已成为一种难以逆转的世界趋势，城市膨胀、建筑物增加，势必占用大量的土地。据统计，世界上大城市的面积以高出人口增长率两倍的速度在发展。未来城市的发展，仅人类居住一项，每年要失去 14 万平方千米耕地、6 万平方千米牧场、18 万平方千米的森林。

城市一般都是在水丰土肥的地方建设与发展起来的。随着城市化的发展，城市周围的肥美土 地被日益蚕食，永远失去耕作的价值。如中国在过去的 30 多年中，在工业建设和城市发展中，多占地、占好地的现象十分严重，造成大量良田的浪费，与发达国家比较，同样类型、相同规模的工业企业，在中国的占地面积是国外的 2～3 倍。目前，中国的工矿、城市用地面积已达 70 多万平方千米。

在许多国家，更多的土地并不是被城市和工矿所占用，而是被大量的农村住房所侵占。尤其 是在许多以农业为主的发展中国家，更是如此。如中国在 1978 年以后，农村和村镇兴起建房热潮，仅仅 3 年时间，全国农村共建新房 15 亿平方米，许多村居面目焕然一新。然而在这繁荣景象的背后，却付出了牺牲大量耕地的沉重代价。据统计，截至 1995 年底，中国有城市 641 个，建制镇 17.3 万个，乡政府 29.8 万个。在这些规模不等的居民点中，人均建设用地城市为 107 平方米，县城为 152 平方米，集镇为 158 平方米，村庄为 192 平方米。福建惠安县有一个村，一共有耕地 9.3 万平方米，但仅在 1981 年春盖房，就占去耕地 2.7 万平方米。农村由于分散等原因，建筑占地的问题往往不为人们所注意，实际上农村占地的绝对数量非常大，必须进行严格管理。

土地是人类的衣食之源，土地大量被侵占，尤其是耕地的占用，使按人口计算的农田面积大幅度减少，无疑加重了土地的负担，对人类食物来源造成巨大威胁，因此，必须引起人们的足够重视，尽快加以治理。

ok

实现垃圾资源化

　　国家对城市垃圾污染和垃圾处理十分重视，并从一系列法律、法规和政策上加以规划。如在1996年4月1日施行的《中华人民共和国固体废物污染环境防治法》，以及1992年国务院颁布实施的《城市市容和环境卫生管理条例》中，都明确提出了城市生活垃圾应当逐步做到分类收集、贮存、运输和处置。

　　城市垃圾的处置是一项社会化系统工程，它涉及到市政、城建、计划、经贸、土地、运输、科研等部门，同时又涉及到每个家庭。只有各方面共同努力，才能实现城市垃圾"减量化、资源化和无害化"的目的，为实现可持续发展战略做出贡献。

　　目前，我国城市，每年产生的垃圾有7000多万吨，如果仅采用无害化处理措施，即焚烧易燃垃圾发电供热，用有机垃圾堆肥，填埋无用垃圾，少量回收废金属、废塑料等，不仅一次投资需上百亿元，投产后每年还有补贴运行费用数十亿元和占用郊区土地上百万平方米，同时回收利用率极低，对宝贵的资源造成极大浪费。单纯无害化处理，与目前我国的国情是相违背的，我们必须走垃圾资源化与无害化相结合的路子。垃圾资源化可以说是一项化害为利、吞废吐宝的社会化系统工程，它可最大限度利用社会自然资源，并为社会制造一笔相当可观的收入。根据有关部门测算，我国城市垃圾如果采用分类收集处理措施，实现垃圾资源化，每年至少可创产值 2500 亿元以上。

转变生活垃圾消费方式，实现垃圾分类回收，促进垃圾资源化。生活垃圾消费方式，不仅包括生活资料消费过程，而且也应包括消费滞后如何对废弃物进行处置的过程。垃圾分类回收是实现垃圾资源化的前提。我们应该借鉴国外许多有效经验，改变生活垃圾、废旧物品随处乱扔等不良生活习惯，实行生活垃圾的分类存放和合理回收、利用，为综合利用创造条件，促进生活垃圾的资源化。

垃圾资源化是一项非常复杂的社会化系统工程，它需要全社会的配合及国民素质的提高，需要配套的法律手段、经济政策的支持。通过宣传教育，全面提高全民的“资源意识”、“环境意识”，转变生活消费方式，实行垃圾分类存放。垃圾资源化是资源综合利用的重要组成部分，是一个新的产业，是人类社会发展进步的必然产物。资源综合利用作为我国的一项重大的技术经济政策，一直得到国家优惠政策的支持。从1985年开始，有关部门指定促进资源综合利用的经济政策，国家在税收、投资等方面给予支持。1996 年，为适应新形势的需求，国家又制定新的资源综合利用政策，促进包括垃圾资源化在内的资源综合利用事业的发展。

绿色照明工程

　　"绿色照明"是20世纪90年代初期出现的一种照明新观念，是国际上采用节约电能、保护环境的照明系统的形象说法。绿色是指推广应用节能高效电光源和环境调节系统，建立起一个优质高效、经济舒适，既有益环保又能够改善人民生活质量的照明环境。

　　20世纪90年代初期，高效新型节能灯问世，在世界上掀起了一场绿色照明革命。美国、日本、欧盟、加拿大等发达国家和少数发展中国家都纷纷实施了绿色照明计划，并取得明显效果。

　　我国的绿色照明计划就是全面实施"绿色照明工程"。国家经贸委于1996年9月18日向全国发出通知，要在我国实施"绿色照明工程"，首先在各大城市发起。在"九五"期间推广应用绿色照明光源3亿只，2000年节电220亿千瓦·时，相当于少建一座装机容量980万千瓦的电站，减少社会支出300亿～400亿元。另外还能减排放二氧化硫20万吨，二氧化碳740万吨，为减少污染、净化环境立大功。因此绿色照明工程是关系到我国社会文明与进步的一件大事情。

　　绿色照明工程的目的是要先在我国城市推广高效照明器具，逐步替代传统的低效照明电光源。传统电光源就是白炽灯、电感式镇流器等，成本虽低，但能耗大，发光效率差，尤其是电感式镇流器，能耗高、噪音大。电压较低时灯管难以启动，灯管正常发光时会产生"频闪"，使人的眼睛容易疲劳，甚至造成近视。绿色照明工程倡导以节能高质灯、紧凑型节能荧光灯、细管节能荧光灯及其电子镇流器等新光源替代传统光源。电子镇流器集强电、微电子、电真空和光学技术于一身，不但自身耗电减少30％，而且无噪音、无"频闪"，寿命能够延长6倍之多。有人测算，如果将全国所有普通白炽灯都改用电子镇流器配套的"绿色"节能灯，一年可节电900多亿千瓦·时，大大超过三峡工程的年发电量。目前一些发达国家节能灯已占照明光源的80％～95％，落后的白炽灯基本淘汰。

　　另外，环境调光也是节约照明耗电的一个重要途径。环境调光是通过对照明的光亮度控制，合理分配使用各种光源，达到最佳光效应和光效率。如果建筑物的自然采光好，照明的亮度就可以适度调低；技术人员在制图时需要明亮的照明，照明亮度可以适度调高；操作电脑时，背景光源最好要调暗，以减轻光对眼睛的刺激。因此环境调光就是要营造出与实际需要相适应的布光环境，同时还节约能源。现在的环境调光大多是自动调光系统，照明工程师只要对某个特定环境的日照、人流、用途进行综合分析，设定好相宜的调光亮度，就能实现自动化环境调光。

用微生物治理废水

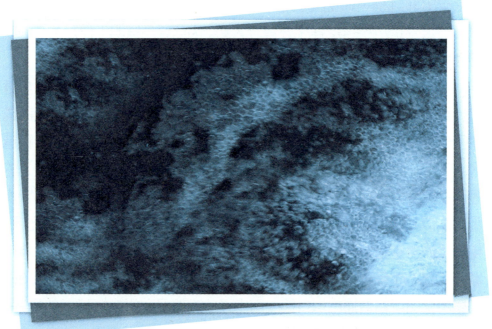

　　自然界的水体，可能被各种污染源污染，使其成为废水，例如，工业废水、生活废水等等。环境专家们巧妙地采用一种新的方法，来处理各种废水，这就是采用微生物去吃掉废水中的污染物质。

　　废水中的污染物质，有些是微生物所需要的营养，例如，废水中的氮、磷等无机元素，以及大量的有机物，是微生物所必需的营养。因此，用微生物来处理废水，可以说是一举两得的事情。这些可以吃掉污染物质、净化废水的微生物主要有细菌、真菌、藻类、原生动物和一些小型的后生动物，这些微生物在不断的生长和繁殖过程中需要大量的能源——碳和其他无机元素，碳的主要来源就是二氧化碳和有机物。主要是看微生物是哪一类，如果是"自养型"微生物，可以通过自身呼吸二氧化碳来获得能量，自己养活自己，因此得名"自养型"；如果是"异养型"的微生物，

则可以通过吃掉大量的有机物，通过有机物在体内的分解转化来补充碳源。

在环境保护工作者处理废水以前，首先需要做的工作就是人工培养"活性污泥"，活性污泥是由许多细菌、真菌、原生动物、部分少量的后生动物等多种微生物群体组成的一个小小的生态系统。在培养过程中，主要是控制这些微生物的生长温度，供给它们丰富的营养物质和氧气，创造各种各样有利于微生物生长繁殖的良好条件。

然后，环保工作者将这些"活性污泥"倒入废水当中，并缓缓通入氧气，使活性污泥分散开来，与废水得到很好的接触，使这些分散开的"小污泥"能够得到足够的氧气，经过一段时间以后，小污泥吃饱了，喝足了，活性逐渐减弱，身体也随之变沉，并逐渐下沉下来。环保工作者将这些沉积下来的污泥经过一定的处理之后，使它们又重新处于一种营养饥饿的状态，恢复其原有的活性，可以重新吃掉废水当中的有机物质和无机营养元素。这样一直循环下去，废水就完全可以得到净化。

不过，在水体当中也有一些物质不能被微生物吃掉的，例如被称为"五毒"的金属元素。在重金属中有五种金属元素对人体有害，而且又不被"活性污泥"吃掉，这就是汞（Hg）、镉（Cd）、铅（Pd）、铬（Cr）、砷（As）。这些元素在水体中不能被微生物所降解，它们将不断地扩散、转移、分散、富集。富集之后的重金属在人体内产生更大的毒性，在化学上叫"毒性放大"。

对于"五毒"的处理，自从日本发生严重的"水俣病"（20世纪50年代）后，科学家们已经研究实施治理的有效办法。

图书在版编目（ＣＩＰ）数据

和谐大自然／李方正主编．—长春：吉林出版集团股份有限公司，２００９．３
（全新知识大搜索）
ISBN ９７８－７－８０７６２－６０２－２

Ⅰ．和… Ⅱ．李… Ⅲ．自然科学－青少年读物 Ⅳ．Ｎ４９

中国版本图书馆ＣＩＰ数据核字（２００９）第０２７８７３号

主　编：李方正

副主编：邱影　赵琳

参　编：王静　刘向明

和谐大自然

策　　划：曹恒　　责任编辑：息望　付乐

装帧设计：艾冰　　责任校对：孙乐

出版发行：吉林出版集团股份有限公司

印刷：河北锐文印刷有限公司

版次：２００９年４月第１版　印次：２０１８年５月第１３次印刷

开本：７８７ｍｍ×１０９２ｍｍ　１／１６　印张：１２　字数：１２０千

书号：ISBN ９７８－７－８０７６２－６０２－２　定价：３２．５０元

社址：长春市人民大街４６４６号　邮编：１３００２１

电话：０４３１－８５６１８７１７　传真：０４３１－８５６１８７２１

电子邮箱：ｔｕｚｉ８８１８＠１２６．ｃｏｍ